无论你是程序员、高管、教师、企业家，还是为人父母，

## 此书都将令你受益匪浅。如果……

1. 你想事事兼顾，却又感到力不从心。
2. 你已经没有休闲时间或无暇进行深入思考。
3. 你完成的工作不计其数，却仍未实现目标。

那么，欢迎打开《思考断舍离：如何依靠精准努力来达成目标》，本书旨在为你答疑解惑，帮助你在"失焦"的世界重新聚焦。奎尔曼将街头实验结果、机构研究结论与自己的见解融会贯通，对于如何在日常繁杂的事物中披沙拣金，提出了一些实用的建议。

本书是一本人生精简指南，作者提倡在生活和工作中择要事为之。它将使我们意识到终年忙碌生活不失为一种选择，但并非明智之选。"日理万机"不值得引以为豪，而是应当极力避免的。我们应当将有限的时间和精力集中在真正重要的事物上。

选择贪大求全，还是从大处着墨，直接关乎我们的成功、幸福、健康与成就感。成功而又乐观的人都深谙一个道理：成事在精，不在多。

本书将让你学会并不简单的精简之道。

如果你已经准备专注生活，达到最佳的生活状态，请继续往下阅读……

# 思考断舍离

## 如何依靠精准努力来达成目标

［美］埃里克·奎尔曼（Erik Qualman）著

张 濛 译

Publishing House of Electronics Industry

北京·BEIJING

THE FOCUS PROJECT: THE NOT SO SIMPLE ART OF DOING LESS
978-0-789-33119-9
BY Erik Qualman
© 2020 BY ERIK QUALMAN

All rights reserved. No part of this publication may be reproduced, stored in a retrieval system, or transmitted in any form or by any means, electronic, mechanical, photocopying, recording or otherwise, without permission of the copyright holder.

本书简体中文版专有翻译出版权由Equalman LLC（the"Proprietor"）授予电子工业出版社。未经许可，不得以任何手段和形式复制或抄袭本书内容。

版权贸易合同登记号　图字：01-2022-1115

**图书在版编目（CIP）数据**

思考断舍离：如何依靠精准努力来达成目标 /（美）埃里克·奎尔曼（Erik Qualman）著；张濛译. —北京：电子工业出版社，2022.5
书名原文：THE FOCUS PROJECT: THE NOT SO SIMPLE ART OF DOING LESS
ISBN 978-7-121-43154-8

Ⅰ.①思… Ⅱ.①埃… ②张… Ⅲ.①人生哲学—通俗读物 Ⅳ.①B821-49

中国版本图书馆CIP数据核字（2022）第062982号

责任编辑：郑志宁
文字编辑：杜　皎
印　　刷：中国电影出版社印刷厂
装　　订：中国电影出版社印刷厂
出版发行：电子工业出版社
　　　　　北京市海淀区万寿路173信箱　邮编：100036
开　　本：700×1000　1/16　印张：20.5　字数：256千字
版　　次：2022年5月第1版
印　　次：2022年5月第1次印刷
定　　价：78.00元

凡所购买电子工业出版社图书有缺损问题，请向购买书店调换。若书店售缺，请与本社发行部联系，联系及邮购电话：(010) 88254888，88258888。
质量投诉请发邮件至 zlts@phei.com.cn，盗版侵权举报请发邮件至 dbqq@phei.com.cn。
本书咨询联系方式：(010) 88254210，influence@phei.com.cn，微信号：yingxianglibook。

致我的爱妻与两位爱女,
你们是我的生命之光。

## 我的足迹

年少时，每当我张扬恣意，
父亲便常问我：
"你想在这尘世，
留下何种足迹？"

当时未得其意，
如今时移世易，
却时时以此自勉自励。

如果由我决定，
将给这尘世，
留下何种足迹。

我留下的足迹。
似乎只是，
南柯一梦而已。

毕竟，我忙碌一世，
平庸无奇，
说来唯有汗颜无地。

此时我才如梦方醒，
一切皆由我定，
我的最终遗迹。

我的子孙后裔，
将会如何审视
我和我最后的足迹？

他们将见我矢志不渝，逐梦一世，
还是半间半界，
未能成器？

他们将见我一生专注于热爱之事，
还是抱恨终天，
时时追悔莫及？

往者不可谏，来者犹可追，
我必不可犯下，
那终极之罪。

终极之罪何为？
必当是，
虚度年岁。

与其含恨离世，
不如拼死一试，
哪怕一败涂地。

我将逐梦前行，
为梦而笑，
为梦而泣。

我不因悲伤落泪，而是喜极而泣，
因为我为今日砥砺，
也为明日远虑深计。

我的足迹，
毋庸置疑，
的确由我决定。

这是我的心意，
现在让我来问问你：
你将留下怎样的足迹？

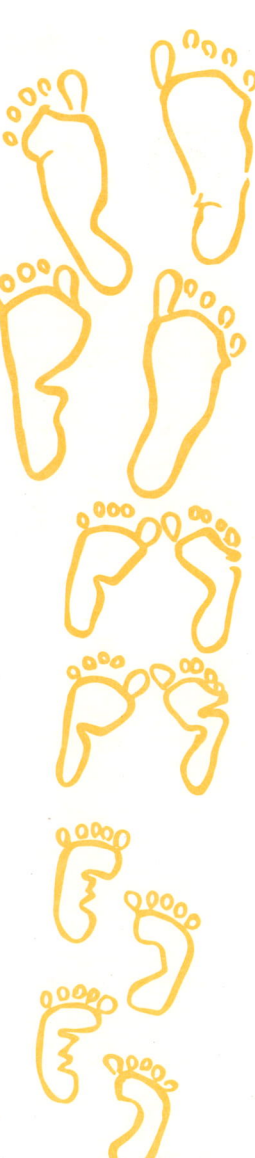

埃里克·奎尔曼

THE FOCUS PROJECT: THE NOT SO SIMPLE ART OF DOING LESS
思考断舍离：如何依靠精准努力来达成目标

### First, Focus
### 首先，专注

- 成为诺贝尔 / 006
- 制作甜甜圈 / 015
- 少少益善 / 018
- 如果只专注于…… / 021
- 最常落空的十大计划 / 025
- 最常见的十大计划 / 025
- 灵魂动物 / 029
- 为何要写这本书？ / 034

### Growth
### 1月·专注提升

- 别为坚果发狂 / 048
- 果酱太多惹的祸 / 049
- 缩小考虑集 / 050
- 学会提问 / 051
- 好的问题是构建良好关系的桥梁 / 057
- 本章小结 / 061

### Time Management
### 2月·时间管理

- 精彩人生，从铺床开始 / 065

Table of contents
目录

- 我要疯了 / 067
- 蹒跚学步的不只是孩子 / 067
- 如何像牛仔一样安排日程 / 070
- 消灭"时间吸血鬼" / 071
- 多任务处理其实只是在不断切换任务 / 074
- 制订禁止事项清单 / 077
- 沃伦·巴菲特的能力圈 / 079
- 杰夫·贝索斯的"两个比萨原则" / 082
- 杂物堆放处 / 083
- 3分钟法则 / 085
- 现实生活中的物理学 / 087
- 一个空抽屉 / 090
- 本章小结 / 092

## Family + Friends
## 3月·家庭+朋友

- 52夜规则 / 097
- 做你想做的,而不是做你认为自己应该做的 / 098
- 史蒂夫·乔布斯的遗言 / 100
- 你在追捕田鼠还是羚羊? / 101
- 最好的生产力工具就是说"不" / 102
- 像外科医生一样说"不" / 105
- 谁是你的优先选项? / 107
- 默认说"好" / 109
- 真相时刻 / 112
- 头号老爸会做什么? / 113

THE FOCUS PROJECT: THE NOT SO SIMPLE ART OF DOING LESS
思考断舍离：如何依靠精准努力来达成目标

- 当我离去时，你将想念我 / 114
- 孩子们心中"爱"的写法 / 116
- 菠萝？菠萝！ / 117
- 时间到底价值几何？ / 118
- 调和而非平衡工作与生活 / 119
- 本章小结 / 121

 Health
4月·健康

- 了解自己的软肋 / 125
- 可怜的小威尔玛 / 126
- 参照物与触发物 / 127
- 垃圾食品触发物 / 128
- 结伴 / 130
- 坏习惯要用好习惯来代替 / 131
- 美梦 / 132
- 睡好觉 / 140
- 大脑需要还是身体需要？ / 142
- 用禁食来提高专注度 / 144
- 瑞典修身服装 / 145
- 快去刷牙 / 148
- 咖啡究竟是不是保持专注高效的利器？ / 149
- 健脑食品 / 151
- 早餐吃什么？——消灭你的决策疲劳 / 155
- 像小学生一样去休息 / 156
- 晨练 / 156

Table of contents
目录

- ◆ 着装会影响你的专注力吗？ / 157
- ◆ 本章小结 / 159

## *Relationships*
## 5月·人际关系

- ◆ "三"法则 / 164
- ◆ 与世界分享你的天赋 / 166
- ◆ 第二印象 / 167
- ◆ 我绝不从城墙上下来 / 170
- ◆ 看见目标很重要 / 175
- ◆ 思维地图 / 175
- ◆ 坚持己见 / 178
- ◆ 阿比林悖论 / 182
- ◆ 害怕错过 / 184
- ◆ 本章小结 / 186

## *Learning*
## 6月·学习

- ◆ 只要有效就去做 / 190
- ◆ 楔石 / 192
- ◆ 《大富翁》作弊攻略 / 193
- ◆ 史蒂夫·乔布斯为何在家中禁用iPad / 194
- ◆ 本章小结 / 196

THE FOCUS PROJECT: THE NOT SO SIMPLE ART OF DOING LESS
思考断舍离：如何依靠精准努力来达成目标

## Creativity
## 7月·创造力

- ◆ 短信沟通 / 201
- ◆ 从 Bourbon 到 Instagram / 202
- ◆ 权力的游戏 / 204
- ◆ 激发创意的视觉线索：用回形针创造20万美元 / 206
- ◆ 将音量调大！ / 209
- ◆ 晒太阳 / 210
- ◆ 提高睡眠质量 / 210
- ◆ 绿色效应 / 211
- ◆ 改善大脑功能 / 211
- ◆ 晒太阳可以降低血压 / 211
- ◆ 飞行不上网 / 212
- ◆ 本章小结 / 213

## Empathy
## 8月·共情

- ◆ 最后四年 / 217
- ◆ 罗杰斯先生的143之爱 / 219
- ◆ 不要加宽本垒板 / 220
- ◆ 心理作用 / 223
- ◆ 像超级英雄一样站着 / 226
- ◆ 不必盲从 / 227
- ◆ 实验过程 / 229

## Table of contents 目录

- 照镜或开窗 / 231
- 变废为宝 / 232
- 恒心与耐心 / 233
- 本章小结 / 233

## Mindfulness
## 9月·正念

- 将意志力变成超能力 / 237
- 我们把生活挤压得越紧，麻烦就越大 / 242
- 写日记 / 243
- 老年人的脑波 / 244
- 狄德罗效应 / 245
- 瑞典人的"咖啡歇" / 247
- 三招防走神 / 249
- 改掉浪费时间的八大陋习 / 250
- 劳逸结合 / 250
- 20—20—20休息法 / 251
- 番茄工作法 / 253
- 52/17 / 253
- 脉动暂停法 / 254
- 匿名戒酒会的"十二步计划" / 254
- 个性会随年龄的增长而改变吗？/ 256
- 撞车试验 / 258
- 本章小结 / 259

THE FOCUS PROJECT: THE NOT SO SIMPLE ART OF DOING LESS
**思考断舍离：** 如何依靠精准努力来达成目标

 *Giving*
## 10月·奉献

- 填满他人的桶 / 262
- 说出我的名字 / 263
- 禁用"7" / 264
- 富兰克林效应：好人缘是麻烦出来的 / 267
- 关注理财 / 268
- 预见与避免干扰 / 269
- 开车发短信比酒驾更危险 / 273
- 福特的专注 / 273
- 训练与实践 / 274
- 像摘番茄的农民一样利用时间 / 276
- 及时止损，拒绝堆积效应 / 277
- 像对待手机一样对待自己的身心 / 278
- 高空友情 / 279
- 直面压力才能缓解压力 / 280
- 你需要精简 / 280
- 一把钥匙 / 281
- 走出舒适圈 / 282
- 别再欺骗自己 / 283
- 你专注的是自己该专注的吗？ / 287
- 远离巧克力火锅寿司 / 288
- 本章小结 / 289

Table of contents
目录

## Gratitude
## 11月·感恩

- 为成功做好准备 / 292
- 苏醒日快乐 / 293
- 化期望为感激 / 295
- 是福不是祸 / 296
- 缺牙一笑 / 297
- 学会放手 / 299
- 锦上之花 / 299
- 本章小结 / 300

## Your Story
## 12月·你的人生

## Focusing for Life
## 专心生活

# First, Focus

专注

THE FOCUS PROJECT: THE NOT SO SIMPLE ART OF DOING LESS
**思考断舍离：** 如何依靠精准努力来达成目标

在全国糖果商大会（National Confectioner's Conference）上做完"数字化领导力"的专题演讲之后，我照常出席了会后的鸡尾酒会。这个酒会绝非一般的私人聚会，现身的可都是来自玛氏、吉百利这样的行业龙头企业的高管和负责人，他们都生活在糖果帝国好时镇中。置身于这样一群大佬之中，我决定还是拿一杯马提尼，加三颗橄榄，少说话，多提问。

席间，我偶遇一个家族的创始人。这么说吧，她家族的名字出现在每个孩子的万圣节糖果篮里。当我问到她的家族长盛不衰的秘诀时，她毫不犹豫地给出了答案——专注。

答案有意思。于是，我又接着问她遇到的最大挑战是什么。你猜她怎么说？保持专注。周围的人纷纷点头，表示赞同。"专注，保持专注。"这句话似乎整晚一直萦绕在我的脑海中。

第二天，我前往印度，在一个谷歌的客户活动中进行了另一场演讲。列席的所有人，从实习生到高管，都对我的问题给出了一模一样的答案——专注。其实，我在访问脸书（Facebook）、IBM、华为、三星这类公司时，得到的也是类似的答案。保持专注似乎是所有科技公司面临的最大的挑战。而且，这个问题不仅限于高科技领域的从业者，教师、自主创业者、父母、金融从业者、慈善机构人员、全职奶爸、律师、医护工作者、消费者、政府官员、企业家都存在这个问题。我也不例外，无法保持专注。直到那时，我才意识到，当今世界的赢家，那些在数字时代能够抢占先机的人，必定是能在日益纷繁复杂的世界中保持专注的人，必定是能以不变应万变的人，必定是"任尔八面来风，我自岿然不动"的人。

这就引出了一个问题：专注可以通过后天努力习得吗？我们能像锻炼肌肉一样锻炼自己的专注力吗？专注可以成为一种习惯吗？我将

First, Focus
首先，专注

用接下来的12个月找出以上问题的答案。我将通过亲身实验来揭晓谜底。

从某种意义上来说，在接下来的一年里，我将用有限的精力去追逐更少的目标。

我的假设是，不惜一切代价追求专注，必将收获成功与幸福。通过与各位分享科研成果与街头实验结果，我相信我们可以一起走上更充实的人生道路——让我们即刻出发吧。

## 专注 = 成就 = 满足感 = 幸福

无论你是程序员、高管、教师、企业家，还是为人父母，如果你有如下感受，本书都将令你受益匪浅。

- 你想事事兼顾，却感到力不从心。
- 你时常感到身心俱疲。
- 你与爱人相处的时间越来越少。
- 你已经没有休闲时间或无暇进行深入思考。
- 你的组织或企业深受日常事务困扰。
- 即使每天的工作非常忙碌，你仍感到自己裹足不前。
- 你似乎总有没完没了的邮件、工作、竞争……似乎总在任由生活摆布。
- 你似乎总在奋力追赶生活的脚步。
- 你的生活就像一张永远完成不了的任务清单。
- 你每天忙碌似乎都是在做无用功。
- 你完成的工作不计其数，但目标仍未实现。

THE FOCUS PROJECT: THE NOT SO SIMPLE ART OF DOING LESS
**思考断舍离：**如何依靠精准努力来达成目标

欢迎翻开这本书，开启为期12个月的"治愈之旅"。我们要清除的这种疾病已席卷全球，它不是黑死病，不是西班牙流感，不是非典型肺炎，不是中东呼吸综合征，也不是新型冠状病毒肺炎，但它的确是一种名副其实的病。

它会虚耗我们的精力，使我们意志消沉。它会对我们的健康、工作、幸福和家庭产生负面影响。这种疾病极其狡猾，会使患病者毫无察觉。全球有数百万人深受其害，医生们却并未将其公开列入疾病行列。如果任由病情肆虐，它将会夺走一个人数年甚至数十年的生命。这种疾病是什么呢？那就是我们无法专注于最重要的事物。

这个隐形杀手的威力，就像温水煮青蛙。快活地坐在温水里的青蛙，完全没意识到水温在慢慢上升。这里有个前提，就是如果青蛙被直接放进沸水中，它就会立即感知到危险并迅速跳出。而如果水温是从室温慢慢沸腾，青蛙就无法察觉危险，只能在安逸中死去。

我们的目标就是不做在温水里死去的青蛙，而是立刻从沸水中跳出，并且永不回头。

曾经多少次，我们发现自己有这样的念头：明天，我从明天开始健身，我从明天开始花更多的时间陪伴孩子，我从明天开始写剧本，我从明天开始筹备时装公司，我从明天开始存钱，我在明天提加薪申请，我在明天去找份新工作，我在明天完成那份报告，明天会更好！亲爱的朋友，这就是致命的温水啊！我们正身处危险的境地，正在浪费我们最宝贵的财富——生命。

多数时候，我还是很幸运的，因为我可以从事自己热爱的事业——在世界

First, Focus
首先，专注

各地进行演讲。通过结识拥有不同背景和文化的人们，我发现，无论我们身上有多少不同点，但有一点是一致的，那就是我们都面临缺失专注的问题。当我们失去人生的方向时，专注力的缺失就会给我们带来巨大的挫败感。

对专注力的培养绝非一朝一夕之功，通过坚持不懈的努力可以取得成效。本书将着重解决的问题是：

1. 如何专注于最重要的事情。
2. 如何在日益繁杂的世界里保持专注。
3. 成为一名保持专注的忍者。

笔者已将各种研究结果和建议，整合成摘要形式，以方便读者选择性阅读。虽然多数读者会选择按篇章顺序阅读，但也会有读者喜欢跳过部分章节，只选取有共鸣的部分和内容反复阅读，这样的分类形式尤其适合这类读者轻松检索相关的内容。请勿将此书所讲内容当成一套定规来执行，但可以将其视为一个剧本，选择最适合你的剧目来演绎。

如果你听过我的演讲，那就必定听过我的忠告："目标要坚定，方法要灵活。"人生难题和解决方案并非一一对应的线性关系。本书也是这样，条条大路通罗马，关键在于灵活选择适合你的那一条道路。

本书是一本人生精简指南，可以帮助每个人走上自我发展的康庄大道——精简目标，专注而高效。终年忙碌生活不失为一种选择，但并非明智之选。"日理万机"不值得引以为豪，而是应当极力避免的。

我们应当选择专注于最重要的事物。是选择贪大求全，还是从大处着墨，直接关乎我们的成功、幸福、健康与成就感。

THE FOCUS PROJECT: THE NOT SO SIMPLE ART OF DOING LESS
**思考断舍离：** 如何依靠精准努力来达成目标

## ◆ 成为诺贝尔 ◆

19世纪末，由于当地报社的一个重大失误，一位瑞典人收到了一份宝贵的礼物。这个幸运儿做到了根本不可能做到的事——他读了自己的讣告。

其实，这是报社将两兄弟给混淆了，错将逝世的哥哥路德维格（Ludwig）报道成了弟弟阿尔弗雷德（Alfred）。

阿尔弗雷德惊讶地读起自己的讣告，越读越感到震惊，讣告中那些描述他和他的遗产的字眼简直令人发指。

阿尔弗雷德是一位非常成功的企业家，他的专利发明为他积累了巨额财富，这项发明就是炸药。所以，讣告的标题非常醒目——"炸药大王去世"，文中还直接称其为"死亡商人"。

想到自己竟被贴上了"死亡商人"的标签，阿尔弗雷德十分痛心，他决心彻底改变自己的"身后名"。于是，他立即着手起草自己的最终遗嘱。在这份4页长的文件中，他将自己的大部分遗产捐给了一项新兴的慈善事业。

当阿尔弗雷德最终离世时，他的讣告完全改头换面了。通过及时改变生活的重心，阿尔弗雷德成功洗清了污名，使自己的名字得以流芳百世。他对世界产生了深远的影响，许多人即使一时无法体会到他的伟大，也必定对他设立的奖项和留下的宝贵财富耳熟能详。在这些奖项中，第一届诺贝尔和平奖在1901年被颁发给了"国际红十字会之父"——亨利·杜南（Henry Dunant）。

阿尔弗雷德被自己的讣告震惊，继而转变了自己的人生焦点。所以，在今天的世人眼中，阿尔弗雷德并不是所谓的"死亡商人"，而是那个以自己的名字创立了化学奖、经济学奖、文学奖、和平奖、物理

First, Focus
首先，专注

学奖、生理学或医学奖的大人物——阿尔弗雷德·诺贝尔。在去世之前，阿尔弗雷德·诺贝尔掌握了专注于最重要事情的神奇力量。

想想我们死后的讣告，可以激励我们认真考虑应该如何度过每一天的1440分、86400秒。试想一下，如果让你为工作狂写悼词，这些人频繁出差，根本无暇陪伴家人，或每封邮件都迅速回复，或痴迷于自己的豪宅，要颂扬这样的人，你该如何下笔？

阿尔弗雷德·诺贝尔改变了自己的专注点，进而改变了自己的人生，改变了自己的身后名。不要等着读到自己的讣告，再想起去专注真正重要的事物。在走完这一生之后，还会有人怀念你吗？谁会怀念你？有多少人会参加你的葬礼？你的一生深深影响过多少人？

如果你已准备好追求生活和工作中最重要的事物，从而开始专注于过上最高效的人生，那么请继续往下阅读，因为真正充实的人生，是帮助他人过上充实人生的一生。

在开启你的专注之旅前，我先从自己的专注计划中总结出以下要点，供各位参考。

对于想要开始自己的专注计划的朋友们，下面这张图或许会给你一些有益的启发。欢迎诸位在自己喜欢的社交媒体上积极分享自己从专注计划中收获的心得和体会（也可以通过@equalman来联系我），也欢迎诸位发送邮件至equalman@equalman.com来与我分享和交流。

> 一个人的伟大，常常不取决于他做什么，而取决于他不做什么。

First, Focus
首先，专注

## 笔者的一些感悟

1. 专注当下很难……的确不易。但是，通过不懈的努力，专注力是可以被习得并成为一种习惯的。
2. 仅靠意志力是不够的，你还需要系统的计划、流程与规范。
3. 有时，放手是最好的选择。
4. 禁做事项清单比待办事项清单更重要。
5. 为学日益，为道日损。
6. 成功人士与非常成功人士之间的区别在于，后者几乎对所有事情都说不。
7. 如果你谁都想帮，那你最后谁也帮不了。
8. 尼尔·阿姆斯特朗（Neil Armstrong）说的话没错……积跬步才能有大飞跃。
9. 自我三问：我正在做什么？我为什么做？我应该做什么？
10. 专注于重要的事，而不是专注于紧急的事。
11. 只关注和自己有关的事。
12. 事事求全责备，终将一事无成。
13. 从简单的事入手。
14. 短期观望，长期坚守。
15. 我们如何度过每一天，就如何度过这一生。

## 专注人生的99条注意事项

1. 专注于实现梦想，不要因害怕失败而裹足不前。
2. 问题是建立良好关系的基石。

THE FOCUS PROJECT: THE NOT SO SIMPLE ART OF DOING LESS
**思考断舍离：** 如何依靠精准努力来达成目标

3. "无论认为自己行还是不行，你都是对的。"——亨利·福特
4. 苦尽甘来。
5. 不必苛求完美。
6. 除非你是阿特拉斯①，否则无须凡事都扛在自己肩上。
7. 没人在乎你跳得好不好，站起来跳便是。
8. 失败，就要失败得更快、更早、更好。
9. 说话不可太绝，以免日后食言。
10. 勇士要睡觉，懦夫才会不眠不休地日夜工作。
11. 与自己爱的人在一起，做自己想做的事。
12. 如果我的所作所为无法令他人展露笑颜，那有何意义？
13. 让我看看你的日程表和账户余额，我将告诉你哪些是你的优先事项。
14. 无论他人怎么说，甚至不用理会自己怎么想，相信自己，你已经做得够多了。
15. "在成功之前，万事总是看似不可能的。"——纳尔逊·曼德拉
16. 我们一生学会的最重要的事，都是在幼儿园里学到的。
17. 你得学会收放自如。
18. 能力越大，责任越大。
19. 服务他人是良药。
20. 孩子不一定会听从我们的"言传"，但常常会遵从我们的"身教"。
21. 创新就是在不断的失败中孕育而来的。
22. 禅语云："行走时，专心行走，进食时，专心进食。"

---

① 阿特拉斯（Atlas），希腊神话中的擎天巨神。——译者注

First, Focus
首先，专注

23. 真理的反面是另一个真理。

24. 幸福的人生就是过自己想要的生活，帮助别人过他们想要的生活。

25. 一天很长，一年很短，珍惜每一天。

26. 早到是对所约者的尊重。

27. 你要感谢的人越多，越应该心存感激。

28. 永远怀有感恩之心。

29. 有序的生活益处颇多。

30. 生命中最美好的都不是具体事物。

31. 如果你借出去100美元，却再没有见过借钱者，那此人大概就值100美元。

32. 失败者总是非常忙碌的。

33. 制订计划可以使你游刃有余，而不必仓促行事。

34. 不遇到挑战，就难以进步。

35. 真正的改变是很难的。

36. 能力有高低，要尊重他人，更要尊重自己。

37. 常怀感恩之心就不会时常感到沮丧。

38. 无条件的善良就是纵容恶行。

39. 付出才是真正的礼物。

40. 少而精。

41. "我们"就是与我们相处最多的五个人的平均值。

42. 今日承受几盎司的自律，是为了日后不承受几吨重的后悔。

43. 要像《白雪公主》里的魔镜一样，让身边的人都感觉自己是最美的。

44. 路况很糟糕，而发生交通事故会更糟。（换个角度看问题）

## THE FOCUS PROJECT: THE NOT SO SIMPLE ART OF DOING LESS
**思考断舍离：** 如何依靠精准努力来达成目标

45. 永远看积极向上的读物，这样即使你看到一半死了，也能给他人留下好印象。

46. 从今天就开始跑起来吧，因为没人知道终点在何时出现。

47. 最重要的是……平衡。

48. 我们可以从蜡笔身上学到很多。它们有的锋利，有的艳丽，有的顿涩，有的名字奇特，虽然颜色各异，但都共存在一个盒子里。

49. 没有成功计划就是在计划失败。

50. 最好的工具就是说"不"。

51. 有趣的是，当你回复完所有邮件时，你得到的回报就是收到更多的邮件。

52. 你的成功是由出席你葬礼的人的素质来衡量的。

53. 教师的薪水很低，但他们是我们中间最富有的人。

54. 我曾经因为脚上的破鞋而羞愧，直到我看见有人失去了双足，这使我更加羞愧。

55. 旅程乐队（Journey）的那首歌唱得对……不要放弃信仰！

56. "有志者事竟成。"——戴安娜·奈雅德（Diana Nyad）

57. 生活不贵，炫耀才贵。

58. "我没有时间给你写一封短信，所以只好写了一封长信。"
——马克·吐温

59. 只要开始，你就成功了一半。

60. 孩子都用同样的方式来拼写"爱"——时间。

61. 真正乐观的人，即使走错路也不忘欣赏沿途的风景。

62. 如果不曾偏离轨道，何来回归正轨，不妨开辟出一条新路。

63. 如果你想把别人拉下来，说明你觉得自己本来就在他们之下。

First, Focus
首先，专注

64. 车到山前必有路。

65. 善良就是耐心地听口吃的人说完话。

66. 时刻记得"自己终有一死"是明智的。

67. 今天是一份礼物，所以我们才称它为"现今"①，一定要打开它哦。

68. "不要努力去做一个成功的人，而要去做一个有价值的人。"——阿尔伯特·爱因斯坦

69. 不拘小节才能做成大事。

70. 独行快，众行远。

71. 成功是一种选择。

72. 助人者，人恒助之。

73. 人生是一场旅行，有时它迫使你走上荆棘之路，是为领你到达更美好的终点。

74. "你能想到，就能做到。"——沃特·迪士尼

75. 领导们都深知，再万全的准备不如真正行动起来。

76. 宝剑锋从磨砺出。

77. 接受现实吧，能当几天鸽子，也能当几天雕像。

78. 只有开拓者才会遭遇挫败，而挫败是你正在前行的标志。

79. 别太把自己当回事，实际也没人把你当回事。

80. 你的大脑就像一台电视机，有高雅频道，也有通俗频道，要记住遥控器在你的手中。

81. 学做人，做好人。

82. 人们不在乎你知道什么，除非他们知道你在乎。

---

① 英文单词present既有"现在"的意思，又有"礼物"之意。——译者注

THE FOCUS PROJECT: THE NOT SO SIMPLE ART OF DOING LESS
**思考断舍离：** 如何依靠精准努力来达成目标

83. 为悼词而活，不要为简历而活。
84. 要是简单，事情肯定早就完成了。
85. 杯子是半空的，还是半满的？没错，它里面装的全是好东西——半杯空气，半杯水。
86. 你可以拥有一切，只是别一下子全揽过来。
87. 快速听，缓慢说。
88. 完美是伟大的敌人。
89. 教学相长。
90. "你缺的是方向，而不是时间，因为我们每个人的一天都是24小时。"——金克拉（Zig Ziglar）
91. 阳光聚焦方能生热。
92. "成功的战士也是普通人，他们只是拥有激光般的专注力。"——李小龙
93. 生活很艰难，你也很坚强。
94. 如果你找不到光，就去成为光。
95. 最重要的是永远只做最重要的事。
96. 如果累了，就学会休息，而不是放弃。
97. 成功人士关注目标，而不是关注障碍。
98. 人生就像一卷厕纸，越接近尾端，走得越快。
99. 快乐生活，助人为乐。

我想成为的那个人……今天会做什么呢？

First, Focus
首先，专注

## ◆ 制作甜甜圈 ◆

唐恩都乐（Dunkin' Donuts）曾经制作过一则非常成功的电视广告，甚至决定制作100多个略有不同的版本。这个广告风靡一时，人们每天早晨起床，都会对着室友或伴侣幽默地说出那句经典广告语。后来，这句广告语甚至被用作该公司创始人自传的名称。

唐恩都乐广告中的主角是一个名叫"面包师弗雷德"（Fred the Baker）的人物，由演员迈克尔·韦尔（Michael Vale）扮演。在广告播出后，韦尔和他扮演的面包师弗雷德一炮而红，以至于当他打算息影时，公众都舍不得面包师弗雷德离去。

为回馈大众，唐恩都乐在波士顿为弗雷德举办了一场退休聚会和一次盛大的游行活动，现场派发了近600万个甜甜圈。

这场极其成功的活动使"甜甜圈"（doughnut）一词又多了一种拼法——"donut"。

在这则广告的100多个版本中，疲惫的面包师总会说出那句经典的台词："该做甜甜圈了。"只见睡眼惺忪的面包师弗雷德，从床上缓缓支起身子，强打精神下了床，开启了又一个做甜甜圈的日子。观众们最耳熟能详的一个场景是，弗雷德一边拖着鞋走出屋外，一边嘟囔着"该做甜甜圈了"。每天一大早，他便走出前门，抱怨着"该做甜甜圈了"，每晚戴月而归时，又念叨着"我做了好多甜甜圈"。寒来暑往，每次打开门，迎接他的都是不同的景物，有晴空万里，有暴风骤雨，有簌簌白雪，也有阵阵秋风，有时是清晨，有时是黄昏，有时是午夜，什么也阻挡不了弗雷德一如既往地做甜甜圈。

无数次往返之后，在最后一组镜头中，准备出门的弗雷德遇上了正好回家的弗雷德，二人的台词几乎同时响起："该做甜甜圈了……我

THE FOCUS PROJECT: THE NOT SO SIMPLE ART OF DOING LESS
思考断舍离：如何依靠精准努力来达成目标

做了好多甜甜圈。"弗雷德的世界彻底被颠覆了，他不知道自己是该走还是留，他是该去做甜甜圈，还是已经做完了。

看到这里，观众很容易与弗雷德产生共鸣。他们都以这样或那样的方式，在自己的生活中看到了面包师弗雷德的影子。

我们能理解弗雷德的处境，但并不喜欢每天处在这种忙晕的状态中。这种忙到昏天黑地的感觉绝不是什么愉快的体验。我们该去做甜甜圈还是已经做完了呢？我昨天已经回复了150封邮件，今天怎么还有150封邮件要回复？我昨天不是已经都回复完了吗？

我们之中的许多人，似乎都在日复一日、年复一年地过着面包师弗雷德的生活。我们完全被生活控制，没有坚守住任何"阵地"。T恤上那些"把握当下""人生只有一次"之类的标语，虽然老套，却不无道理。

> 你要掌控日子，否则日子就会折磨你。
> ——吉姆·罗恩

像许多人一样，我也没有为我的人生进行优先排序。而像米歇尔·奥巴马和沃伦·巴菲特这样的人物，却早就意识到了这一点。如果他们不对自己的时间进行优先排序，别人就会迫不及待地要强占他们的时间。

我的世界就像面包师弗雷德的世界一样，被完全颠覆了，我不知道自己究竟该何去何从。结果，我的工作、家庭、信仰、健康，一切都受到了影响。

你的版本的"甜甜圈故事"可能是这样的：

1. 由于昨晚必须回复所有邮件，所以睡得很晚，今天早上起晚了。
2. 因为起晚了，所以没有时间健身了。
3. 一个孩子把厨房弄得一团糟，另一个孩子在找鞋。结果，10分

*First, Focus*
首先，专注

钟后，你在后门廊上找到了那双鞋，但已被昨夜的大雨淋得湿透了。于是，你一边疯狂地用吹风机吹鞋，一边收拾厨房的烂摊子。最后，你比预期晚出门15分钟，陷进了早高峰的车流中，比平时多花了一倍的时间才赶到办公室。

4. 你迟到了。
5. 你本以为在晨会前，自己还有时间解决一些必须解决的问题，结果这部分时间被挤占了。
6. 之后，又有两个会议被临时加入你的日程中。
7. 从上午9点到下午3点45分，你一直在开会。
8. 3点46分，一位同事抓紧时间向你寻求帮助。
9. 4点26分，你终于把他打发走了，开始处理堆积如山的邮件。
10. 筋疲力尽的你，最终没有赶上观看孩子参加的足球赛。
11. 晚餐后，你还得继续加班，还要哄孩子睡觉。
12. 当你的脑袋终于挨着枕头时，已经很晚了。你惊奇地发现枕头竟然没着火，因为经过忙乱的一天后，你早已焦头烂额，根根头发都冒火了。
13. 第二天，你起床洗漱，继续重复昨天的经历。

就像做甜甜圈的弗雷德或电影《土拨鼠日》(*Groundhog Day*)里的比尔·默里(Bill Murray)一样，你可能也陷入了苦恼的生活模式之中。在《土拨鼠日》中，比尔·默里扮演的主人公发现自己进入了平行时空，反复过着同一天的生活。其实，现实的情况更严重，大多数人发现自己处于这种"土拨鼠日"中。那么，我们应该如何摆脱这种死循环呢？答案

> 服务他人是我们为租住在地球上支付的租金。
> ——贾斯汀·汀布莱克

THE FOCUS PROJECT: THE NOT SO SIMPLE ART OF DOING LESS
**思考断舍离：如何依靠精准努力来达成目标**

就是专注。说起来容易，做起来难，在这个纷繁复杂的世界上保持专注并不容易。

接下来，我们就来看看，究竟如何才能做到专注。

## ◆ 少少益善 ◆

德国设计师迪特·拉姆斯（Dieter Rams）被公认为是20世纪最杰出的工业设计师之一。他设计了数百件标志性的经典作品——从欧乐B牙刷到家用音响设备，从博朗咖啡机到计算器……毫不夸张地说，他影响了整整一代世界知名设计师，其中包括苹果公司的著名设计师乔尼·艾维（Jony Ive）。

拉姆斯的成功秘诀是什么？那就是，拉姆斯坚信"好的设计"应当包含尽可能少的设计元素。他用德国谚语"Weniger, aber besser"来形容他的设计理念，即少少益善。拉姆斯的设计目标，就是为用户提供简单轻松的使用体验。

如果把少少益善的理念运用到我们的生活中，会怎样呢？这其中应该蕴含着两层深意：一、减少不重要的工作，我们就能有更多的时间和精力，从而能更好地提升自我；二、减少不重要的工作，我们就能更加专注，从而收获更多真正重要的成果。每当我感到被生活压得喘不过气来时，我就会用拉姆斯的话来警醒自己——少少益善。

按照世俗观点，我也算有幸拥有了一份成功的事业。当然，我的成功部分归功于我优于大多数人的专注力。话虽如此，若真要给自己的专注力打分，我只会给个D-。试想一下，如果我能把分数从D-提高到B+、A-甚至A+，我的生活就应该更充实、更快乐。

我并非不懂得专注的重要性。其实，我阅读过无数关于这方面的

First, Focus
首先，专注

文章和书籍，那我为何没有去实践呢？我为何没有将其应用在日常生活中呢？你又是为何如此呢？

练习专注就像健身。我们并非不知道这样做的好处，谁都知道这个简单的公式：更合理的饮食＋运动＝更健康的生活。道理我们都懂，可做不做就另说了。包括企业家在内，各行各业的成功人士大多相信成功不是想出来的，而是干出来的。的确如此，成功在于养成一以贯之的日常习惯，而不是仅凭意志力。

这些想法一直萦绕在我的脑海中。有一天，我突然冒出一个念头，久久挥之不去。接下来的几周，我一直没有忘记这个看似异想天开，几乎不可能实现的想法。

> 几盎司的专注，就能避免几吨的后悔。

这听起来有些疯狂，如果我每个月只专注做一件事，那么一年后会怎样呢？全年为万千琐事忙碌却一无所获，如果我停止这种疯狂的状态又会如何呢？如果我只专注做一件事呢？这听起来不难，但看看我排得满满的日程，你就会发现这几乎是不可能做到的。

你刚一拿起这本书，可能立马就会想道："我可没空看这个。"讽刺的是，这本书就是专为你这种觉得自己根本没空读它的人量身定制的！

我曾在自己的图书签售会上，和许多人交流过这个问题，结果发现，深陷专注力困局的绝非我一人。也许每人身处人生迷宫的不同路径上，但可以肯定的是，我们都在同一个迷宫中苦苦挣扎。

虽然我相信每个人都会努力用自己的方法保持专注，但我坚信这本书并不适合所有人。它适合那些已经拼尽全力，甚至过分努力，只是方向错了的人；适合那些已经快要成功，但明白自己还可以获得更多成就的人；适合那些斗志昂扬，已经准备积极改变的人——这本书不

THE FOCUS PROJECT: THE NOT SO SIMPLE ART OF DOING LESS
**思考断舍离：** 如何依靠精准努力来达成目标

会催促你忙碌起来，去完成尽可能多的工作，睡醒时的一分一秒都不浪费。

我知道，你们忙完主业忙副业，已经竭力挤出了能挤出的一切时间。我也知道，你们"做完甜甜圈"之后，已经身心俱疲了。虽然每个人的甜甜圈各不相同，但它们在本质上都是我们不得不做的甜甜圈。

有些人是《财富》世界500强企业的掌门人，同时兼做副业，真可谓盲人背盲人——忙上加忙。有些人可能只是小老板，但回家还要照顾两个不知道何时才能玩累了去睡觉的熊孩子。有些人是市值达数十亿美元的大企业的高管，虽然身居高位，却并非风光无限，反倒觉得高处不胜寒。

有许多人在经营非营利组织，原本想当然地以为这份差事一定比朝九晚五的工作轻松得多。但是，孩子们，你们真的大错特错了！全职奶爸和奶妈们迫不及待地想知道，在孩子们开始"大闹天宫"之前，他们何时才能挤出一点点"自我时间"来寻回自我，重获久违的快乐。

你们中的一些人，白天在职场辗转腾挪，晚上回家还要挑灯夜读，继续深造。

这本书不是为了激励懒惰者或受压迫的人奋起努力，而是写给那些已经有所成就但知道自己可以活得更快乐的人，是那些知道自己可以打出全垒打，还有大满贯全垒打等待自己去挑战的人。你可能已经成功翻越了多座山峰，但你知道，还有一座高峰上有你一定要看到的风景。

这座高峰可能是创办自己的公司，从事理想的职业，创作自己想写的小说，或伴着巴黎流光溢彩的华灯徜徉在塞纳河畔。

无论那座高峰具体是什么，如果不将视线聚焦，那谁都无法一睹

First, Focus
首先，专注

它的真容。如果我们不有意识地专注于真正重要的事情，就不可能取得重大成就。而且，最重要的是，我们在努力的过程中很难获得愉悦感和满足感。

现在，我们应该改变生活方式，在日常烦琐的事务中披沙拣金，专注真正重要的事物。

大多数人往往高估1小时能做到的事情，却低估1个月、1年甚至一辈子能做到的事。其实，只要我们坚持不懈，必能积跬步以至千里，积小流以成江海。通过日复一日的努力，我们就会变得越来越专注，并学会分辨何时该做何事。我从每天坚持写作1分钟做起，慢慢延长至每天写作5分钟、15分钟，如今每天从早上8点写到9点35分。我相信以后我还能找出其他时间来继续写作。

这项专注计划其实就是由一系列步骤组成的。如果我想实现自己看似不可能实现的长期目标，一飞冲天，从而生活得更快乐、更充实，那我每天应该采取哪些简易措施呢？

我希望每一天（或至少是大多数时候），我都能兴致勃勃地醒来，就像要过圣诞节的孩子一样。我们都希望每一天都是最美好的一天。

最要紧的是，我希望自己收获的幸福与美满像和煦的阳光，也照射在周围人的身上，让他们更快乐、更满足。

◆ **如果只专注于……** ◆

平安夜，凌晨2点36分。其实，平安夜已过，应该算是圣诞节了。我依然醒着，并非节日氛围令我兴奋得睡不着，而是我感到身心俱疲。我甚至觉得自己很快就会出现幻觉，看见圣诞老人的麋鹿从我的客厅一跃而起。我已经给孩子们准备好了"从天而降"的惊喜，新玩

THE FOCUS PROJECT: THE NOT SO SIMPLE ART OF DOING LESS
**思考断舍离：** 如何依靠精准努力来达成目标

具已打包完毕，新自行车也已组装完成。

但是，我还不能睡，我的手指在键盘上飞舞着，只为了竭力挽回一位客户。

我们的绝大多数客户通情达理，唯独这位例外。事实上，这位客户刚在下午6点给我发了一封邮件，标题是"取消合同"——这可不是什么玩笑，他的确本意如此。其实，我们的合同还有4个月才到期，所以从法律和技术上来讲，它是不能被"取消"的，而这正是我要解决的问题。我的商业头脑告诉我，取消就取消吧，虽然合同上用白纸黑字写着不可提前解约，但他们爱怎样就怎样吧，祝他们一切顺利。

可笑的是，正是在我们团队的努力下，他们的销售额才创下了历史新高。如果这样都不满意，那究竟还要怎样呢？这位客户给我们带来的业务收入不到总收入的3%，却给我们带来了97%的麻烦。真神奇，他们究竟是怎么做到的？

我并没有选择在漫长的冬夜抓紧时间小憩一会儿，而是穿着棉袜、戴着棉帽，坐在桌前敲电脑键盘，从平安夜深夜一直敲到圣诞节黎明。

在所有在舞台上宣讲要直面自我的职业演讲家中，我是最深谙此道的。在人的天性中，究竟是什么迫使我们做出如此不理性的行为？我为何不将这份邮件抛诸脑后，一心一意地与家人好好过一个圣诞节，而要让这个客户如此折磨我呢？在花了很长时间思考该如何回复之后，我终于按下了发送键。

就在这时，我听见5岁的女儿下楼的声音。我赶忙瞥了一眼时钟，又看了看地上扎眼的"圣诞老人的包装纸"碎片。我的耳边突然响起了小诗《圣诞前夜》……

First, Focus
首先，专注

梦中惊醒，

飞奔爱女，

匆忙情急，几乎拉伤腿筋，

圣诞树应声倒地，才如梦方醒。

真是愚蠢至极，

明明手握利器，

无须圣尼克的魔力或把戏，

只要专注足矣。


只要专注最重要的事情。

幸好，女儿还处在半梦半醒的状态，浴室的卷纸一端被掖进她的睡裤里，另一端还未扯断，就像一根长长的脐带，足足被拖了近20米长。

我光顾着在电脑前没日没夜地打字，差点毁了女儿的圣诞节，当然也毁了我的快乐。这么做究竟为什么呢？那一刻，我才真正醒悟，应该做出改变了，应该只专注那些能使我更幸福、更健康、更睿智的事物了。

其实，我早已给自己开好了"药方"，但我真的能做到每天"遵医嘱服药"吗？况且，我还一直对这个药方持有怀疑态度，它真的能管用吗？或者说，诸如极简主义、本质主义、减少追求、保持专注这些概念，只是在理论上有效，在实践中根本行不通？无论如何，我应该对它们进行验证了。

那天下午，我花了几分钟，给那位客户发了一封邮件，还给他们寄了一张手写贺卡，祝他们圣诞、元旦双节快乐。我们非常乐意对方主动解约，而且不打算追究对方的违约责任。讽刺的是，这似乎是给

THE FOCUS PROJECT: THE NOT SO SIMPLE ART OF DOING LESS
**思考断舍离：** 如何依靠精准努力来达成目标

我和团队最好的节日礼物。

于是，在圣诞节之后、新年之前，我开始愉快地选择下一年自己将要专注做好和避免去做的事情。

我缩减了新年计划，并按月划分，每月只专注完成一项计划。

1. 专注提升
2. 专注时间管理
3. 专注家庭和朋友
4. 专注健康
5. 专注人际关系
6. 专注学习
7. 专注创造力
8. 专注共情
9. 专注正念
10. 专注奉献
11. 专注感恩
12. 专注自己的人生

在12月余下的几天里，我还做了一个小实验，计划每天花时间专注做好销售工作，结果可以说是惨败。我真正花在销售工作上的时间只有9分钟……不是每天9分钟，而是这个月一共只有9分钟。所以，完成这项专注计划绝非易事，具体来说，就是每天都在同一件事上花2小时的时间。

如果你去搜索"新年计划"，就会发现排在前十位的计划往往都无法完成，最后沦为最容易失败的十大新年计划。

为何会出现这种反差呢？因为只有8%的人真正落实了预定计划。

### ◆ 最常落空的十大计划 ◆

1. 减肥、健身
2. 戒烟
3. 学习新知识
4. 健康饮食
5. 远离债务，积极储蓄
6. 多陪家人
7. 旅行
8. 减少焦虑
9. 参加志愿活动
10. 少喝酒

有意思的是——最常落空的十大计划与最常见的十大计划高度重合，这说明哪一个都不容易达成。

### ◆ 最常见的十大计划 ◆

1. 减肥
2. 规律生活
3. 少花钱，多存钱
4. 充分享受生活
5. 保持健康

6. 学习感兴趣的新知识
7. 戒烟
8. 帮助他人实现梦想
9. 恋爱
10. 多陪家人

在这10条中，我就中了7条，我的计划中没有的3项分别是戒烟、理财和恋爱（虽然我已经娶了最心爱的姑娘，但我确实想花一个月来重温恋爱的感觉）。

这些计划也一直是各类畅销书的热门主题。以下是我列出的一份书单，都是一些经典畅销书籍，你会发现它们探讨的主题多是健康、理财、两性关系、销售、生产力、友情等。

1. 《心灵鸡汤》（Chicken Soup for the Soul），杰克·坎菲尔（Jack Canfield）、马克·维克多·汉森（Mark Victor Hansen）著：取材于现实生活的短篇励志故事。

2. 《思考致富》（Think and Grow Rich），拿破仑·希尔（Napoleon Hill）著：致富与不断成功的秘诀。

3. 《男人来自火星，女人来自金星》（Men are from Mars, Women Are from Venus），约翰·格雷（John Gray）著：男人与女人之间的差别之大，就仿佛他们来自不同的星球。了解男女之间的思维差异，是维系良好的两性关系的关键所在。

4. 《生命的重建》（You Can Heal Your Life），路易斯·L.海（Louise L. Hay）著：强调身心统一，提倡"整体健康"的观念。

5. 《你的误区》（Your Erroneous Zones），韦恩·W.戴尔（Wayne

W. Dyer）著：该书出版于1976年，告诉人们如何摆脱"自我挫败情绪"，用积极的思想掌控自己的人生。

6. 《谁动了我的奶酪》(Who Moved My Cheese)，斯宾塞·约翰逊（Spencer Johnson）著：适应职场变化的重要性。

7. 《富爸爸，穷爸爸》(Rich Dad, Poor Dad)，罗伯特·T. 清崎（Robert T. Kiyosaki）著：强调财务自由，善于打造生意系统和投资。

8. 《高效能人士的7个习惯》(The 7 Habits of Highly Effective People)，斯蒂芬·柯维（Stephen Covey）著：令你变得更高效、更成功的7个习惯。

9. 《秘密》(The Secret)，朗达·拜恩（Rhonda Byrne）著：吸引力定律——如果你反复思考某件事物，它就会被吸引到你的身边。

10. 《人性的弱点》(How to Win Friends and Influence People)，戴尔·卡耐基（Dale Carnegie）著：令人广受欢迎的秘诀。

在你制订自己的计划之前，我建议你先拿出一张纸，在纸上画一个表格，分成3列，然后逐一列出对你来说最重要的事物。

| 事项 | 重要性 | 投入度 |
|---|---|---|
| 家庭 | 10分 | 3分 |

THE FOCUS PROJECT: THE NOT SO SIMPLE ART OF DOING LESS
思考断舍离：如何依靠精准努力来达成目标

第一列事项：例如，"家庭"。

第二列重要性：标示重要程度，用1～10分来表示（10分为最重要）。

第三列投入度：用1～10分来标示你在这一事项上的投入度。

现在看看你的表格，找一找自己的不足。你在哪些方面存在严重不足？如果家庭的重要性是10分，而你认为自己目前的投入度只有3分，那这就是严重的不足。你需要有意识地进行弥补，重点攻克家庭这一项，投入更多时间来将自己的表现提升到8分、9分甚至10分。反之亦然，如果你认为宗教信仰只占2分（重要性），而你的投入度却有4分，这说明你在这一项上可能"用力过猛"了。如果你用花在这一项上的时间弥补在家庭上的不足，这一项的投入就可以减少到2分。

接下来的一整天，你都应该扪心自问：从1分到10分，自己的整体表现可以打几分？如果是6分，那为什么没能达到7分或8分？找出其中的原因，再看看有没有解决的办法。

举个例子："总体来说，今天下午的表现是5分（10分满分）。分数这么低的原因是，早晨下雨，没能完成跑步计划。现在虽然天气已经转晴，可自己又被工作困住，无法抽身。"现在我们就来看看这个问题能不能得到解决，我们可以在内心进行如下对话：

"既然现在外面晴空万里，为何不出去跑步呢？"

"我有一通重要电话要打，现在出去跑步似乎不太现实。"

"我能否找个安静的公园，一边走一边打电话呢？"

虽然在公园散步和跑步不一样，但至少我们在进行户外锻炼，而且这可以帮我们把表现分从5分提高到7分。我们必须尽量去掌控自己

First, Focus
首先，专注

能掌控的一切情况。

### ◆ 灵魂动物 ◆

每个人难以保持专注的原因千差万别，但总的来说，大多数人都属于以下4种类型之一，可以分别用4种动物来表示——刺猬、松鼠、变色龙、行军蚁。通过分辨各自对应的动物及其代表的性格特征，我们能更好地了解自己在保持专注力方面的优势和不足。

每当感到有危险时，刺猬会将身体缩成一团，把全身的刺（5000～1万根）都竖起来保护自己。同样，我们为了躲避失败，也变得畏首畏尾。只有做好了万全的准备、全副武装之后，我们才想踏入战场，所以我们常常回避那些必须做出的努力。我们变成了一味逃避的刺猬。其实，我们并非懒惰，只是被困在了逻辑陷阱中。我们总是认为，只要不去尝试，就不会被否定。如果我想成为世界上最伟大的歌唱家，但又担心自己唱得不好，我就干脆不在公众场合唱歌，这样我的歌唱家梦想就永远不会破灭。只要我不给其他人机会，最重要的是不给自己机会，去证明自己并不是一个有天赋的歌唱家，我就可以永远怀揣这个梦想。很可惜，如果一个人从不唱歌，他是绝不可能成为伟大的歌唱家的。这个逻辑使我们安于现状，我们一边不做出任何努力，一边告诉自己总有一天会有所成就。当我们有了更多的时间，准备得更加充分时，我们一定会有一番作为的。

刺猬还常用拖延战术来保护自我。例如，有的学生用打扫房间的方式来避免看书；有的人沉迷追剧，因为不愿为自己的服装店设计服

刺猬

THE FOCUS PROJECT: THE NOT SO SIMPLE ART OF DOING LESS
**思考断舍离：**如何依靠精准努力来达成目标

装。更有甚者，还有的人认为自己一拿到语言专业博士学位就会开始创作小说。从本质上来说，我们总希望在上场之前，尽力将盔甲打造得更坚固。

但是，如果我们从未真正踏入战场，那再好的盔甲又有何用呢？请记住，我们觉得自己需要的那件更坚固的盔甲其实根本不中用——它又重又不好用。

有时，我们也会这样告诉自己：只要所有的危险和障碍一消失，我们就会马上解除防御状态，披挂上阵。事实上，这种情况永远不会发生。危险和障碍永远都会存在，只不过幸运女神总会眷顾勇敢者。只可惜，刺猬很难意识到这一点，它们很难理解冲入战场的最好时机就是现在。

荣誉从不属于那些挑剔的看客，不属于看强者笑话的局外人，不属于指责实干家的旁观者。

荣誉属于那些置身修罗场的斗士，那些脸庞沾满灰尘、汗水和鲜血的勇士。荣誉属于奋勇搏杀的猛士，属于屡败屡战的战士，因为没有哪一个成功不是从错误和失败中孕育出来的。荣誉属于怀着巨大的热情真正献身事业的人，属于投身崇高事业的人；荣誉属于不怕失败的人，这样的豪杰绝不会与那些冷漠怯懦不知胜负为何物的可怜虫为伍。

——泰迪·罗斯福

有句话说得好："种一棵树最好的时间是昨天，其次是今天。"这句话在生活中同样适用。专注于过最好的人生的最佳时间是昨天，其次是今天。亚马逊的缔造者杰夫·贝索斯（Jeff Bezos）深谙这个道

First, Focus
首先，专注

理。"多数时候，我们最大的遗憾不是做了什么，而是没做什么。那些未曾走过的路一直困扰着我们，我们总想知道如果当初选择了那条路，又会怎样。"贝索斯说，"我知道，等我到了80岁，我依然不会后悔做了这个尝试（创办亚马逊），我对它非常热爱，即使失败也无妨。到了80岁，我依然会为我的这个决定骄傲不已。而且，我知道，如果当初没有迈出这一步，这将永远是我的一个心结。"

对松鼠来说，始终专注一项任务，是很费劲的事。下一个目标总是那么诱人，不容错过。松鼠型的人对潮流有着敏锐的洞察力，总能知道镇上最受欢迎的餐厅在哪里。他们掌握着最新鲜的资讯，谈论起潮流文化来总是信手拈来。松鼠型人士擅长启动新项目，但总在项目进展途中被其他新鲜事物吸引，所以他们的工作常常无疾而终。

许多伟大的远见者和销售人员都属于松鼠型，他们很容易为新项目兴奋不已。但是，最初的热情退却之后，他们最好还是将后续的执行工作交由运营人员来负责。松鼠型人士必须明白，他们很容易被新奇事物分心，所以必须抵御诱惑，努力克制自己想从一棵树跳至另一棵树去寻找下一颗橡子的冲动。用"害怕错过"四个字来概括精力旺盛的松鼠型人士，是再合适不过的了。他们需要努力保持专注，才能顺利完成工作。

变色龙会随周围环境而变换自己的体色，使捕食者不易发现自己。这种美丽的防御机制使它能够隐藏真实的自我。许多人就像变色龙，会为融入周围人之中，而改变自己的言行举止。可是，当这种改变不再是出于一时的权宜之计，而成为一种习惯时，真实的自我就被

THE FOCUS PROJECT: THE NOT SO SIMPLE ART OF DOING LESS
**思考断舍离：** 如何依靠精准努力来达成目标

变色龙

埋没了。

人人都想超凡脱俗，却又遵循着世俗的教条，循规蹈矩。我们就像变色龙，随遇而安，不愿走出舒适圈，去创造独一无二的生命故事。其实，我们的出发点是好的——选择随波逐流，可以与他人同舟共济，解他人一时之急。但是，从长远来看，超脱世俗、追逐本性才是真正的济世良方。

变色龙型人士逃避自我实现的方式有很多。在以下例子中，各位可能会对其中一些深有感触。

- 等孩子们都上大学了，我就马上开咖啡店。
- 要不是需要照顾年迈的父母，我肯定会继续攻读学位。
- 我本人是想做音乐的，但母亲是一个律师，我知道她更愿意看到我追随她的脚步。
- 我也想立刻创业，但我知道父母更希望我去上大学。
- 我也想换个职业，但都这把年纪了，再做这种改变未免太冒险了。
- 我讨厌这份工作，每天都备受煎熬，但看在钱的分上，我忍了，况且目前我们家的确需要这笔钱。等我渡过这个难关，再去追逐梦想。
- 这份工作其实也没那么糟。虽然它对我毫无挑战，我也对它没有半点兴趣，但它确实能让我和家人过上不错的生活。

与其随波逐流，不如鹤立鸡群。若要出类拔萃，必先有所行动。

First, Focus
首先，专注

当超负荷工作时，我们就成了名副其实的行军蚁。像行军蚁一样，我们也可以举起自身重量5000倍的重担，但这并不意味着我们应该这样做。况且，即使我们费尽千辛万苦，成功将重物运至蚁穴入口，也会遇到问题：根本无法把这个笨重的大家伙放进去！所以，与其徒劳一场，还不如一次只专注一件事。这样，我们不仅能运回更多物品，而且还能把它们放进"蚁穴"内。在生活中，我们要学会对大多数工作说"还没轮到你"，然后一次只专注做好一件事，而不是竭力同时处理许多事。

行军蚁

有些人属于这四类中的某一类，但大多数人恐怕兼有两类动物的特征。我的想法可能有些另类，我认为多数人都是有两面的，既有外向的一面，也有内敛的一面。例如，喜剧演员克里斯·洛克（Chris Rock），他在舞台上滔滔不绝，而在私底下，他的妻子证实他在晚宴上少言寡语。还有埃尔顿·约翰（Elton John）、亚伯拉罕·林肯和嘎嘎小姐（Lady Gaga），他们其实都是天生偏内向的人。

就专注而言，我与行军蚁更相似，总是同时承担多项工作，背负着沉重的压力，用我的话说，这就是一种"平行处理"方式。结果可想而知，不仅所有工作的工期都被延长，有的最后根本无法完成，即使完成，质量也会大打折扣，而我的健康状况每况愈下。我必须将我的工作内容从10项减到3项。与此同时，刺猬的部分特征在我身上也有所体现，我常用拖延战术来回避重大项目。

**1.** 花整整2小时录制一段社交媒体短视频。

THE FOCUS PROJECT: THE NOT SO SIMPLE ART OF DOING LESS
**思考断舍离：** 如何依靠精准努力来达成目标

2. 把所有有关密歇根州篮球队的帖子翻个遍。
3. 回复电子邮件。
4. 在应该写作的时候，却一口气读了4小时书。
5. 沉迷于社交媒体。

◆ **为何要写这本书？** ◆

有人说，写书的目的不外乎下面两个：

1. 改变自己。
   ——或者——
2. 改变世界。

如果进展顺利，我想我创作这本书的目的，不仅是为了改变自己，也是为了帮助他人做出更积极的改变。与多数人一样，我也常常自己跟自己对话：那个微弱的声音总在我们的脑海中嗡嗡作响……对着我们喋喋不休。在想到这本书时，我的自我对话大概是这样的："嘿，埃里克，真的有必要写这本书吗？它与其他书有何不同？为何是由你来写这本书？你在写的过程中，为何不只是记述你的研究过程和结果，而要结合你的亲身经历来阐述？"

最后这个问题最困扰我："你为何要赋予它个人色彩？"此时，在我脑海中最常浮现的，也是令我产生自我怀疑的那个问题是："谁会在乎我的个人观点呢？谁想知道我为保持专注付出的日复一日的努力和取得的每一点小小的进步呢？"

我曾经就这本书咨询了一些人，他们也表达了相同的顾虑。不

First, Focus
首先，专注

过，多数人还是鼓励我将个人经历与街头实验和严谨的机构研究结果相结合。他们想看到其他人在整个过程中的挣扎与收获。人们乐于看到用小白鼠实验，只要自己不是小白鼠就行。

那么，就让我来当小白鼠吧！

在计划执行过程中，我和女儿们共同读完了一本我写的青少年小说。于是，她们想创作一本新书，并且央求我将这份手稿读给她们听。没错，我尚在读小学的女儿们也参与了本书的编辑工作，所以还望各位朋友在点评时"嘴下留情"。在给她们读完第一章之后，正在上二年级的女儿天真地睁着大眼睛望着我说："爸爸，那正是赫尔南德斯老师常对我们讲的，要集中精力，各位！"

即使你制订的专注计划，你要踏上的"专注之旅"与我的截然不同，也不妨有一位夏尔巴向导①在旁边为你指点迷津，带你避开陷阱，少走弯路，令你的旅途更加轻松自如。你就把我当成"专注之旅"的夏尔巴向导吧。此外，我还希望通过增添个人经历，使这本书更具有趣味性。所以，不喜欢这种将个人逸事与科研成果相结合的叙述方式的读者，可以随时放下这本书。

至于其他热衷于奇闻逸事的人们，请享受接下来的这场"盛宴"。每个月，我都会选择一个事项，作为当月专注的重点。在每章中，我都会提出一些小建议，关于如何养成终身的习惯，使我们只专注于重要的而非眼前的事情——关于我们应该如何立即过上最好的生活。

在近十年里，我游历过55个国家，通过出书、演讲等方式影响了3500万人。对我而言，上台说话是为了谋生，下台倾听是为了生活。

---

① 夏尔巴人（Sherpa），藏语，意为"来自东方的人"，居住在喜马拉雅山两侧，常为登山者充当向导和协作人员。——译者注

THE FOCUS PROJECT: THE NOT SO SIMPLE ART OF DOING LESS
**思考断舍离：** 如何依靠精准努力来达成目标

我最喜欢问的一个问题是："什么事情最令你感到兴奋？"听罢，人们常常茫然地大睁眼睛，半晌都答不上来。

为帮人们找到答案，我会换一个思路来提问：

1. 你最想从生活中得到什么？
2. 在接下来的6周内，如果我可以挥动魔杖，帮你实现一个最疯狂的梦想，那是什么？
3. 如果明天就会死去，你最大的遗憾是什么？

当一个人意识到自己想要的是什么之后，他的双眼会明亮起来，他心里的灯也会被点亮。然后，我就会接着问道："那么，阻碍你得不到它的原因是什么呢？"接下来就有意思了，几乎所有人的回答都一样，得不到是因为目前没有时间、没有精力、没有钱。但人们坚信，这些东西未来会有的。今天不行，明天一定会更好。实际上呢？我生待明日，万事成蹉跎。

每个人的一天都是24小时，既然如此，为何那些领导者似乎就能保持专注呢？即使他们还要管理2万名员工或团队成员，还有数百万件事待办，成千上万的人想要接近他们，以引起他们的注意，他们依然能专注如一。他们是怎么做到的呢？通过坚持不懈的练习，他们的专注力得到了提升，而出色的专注力也正是他们能身居高位的原因。不仅如此，他们还有充分的自我认知，明白保持专注是一场没有硝烟的战争，每天都在不断上演。如果忽视这一点，他们就很容易跌落神坛。

当我问他们如何守住成功与幸福时，我得到的最常见的回答是："知道自己的目标是什么，并且能专注做好为实现这一目标所需的全部工作。专注是一种习惯，我也许无法做到百分之百地专注，但每天都

First, Focus
首先，专注

在朝这个方向努力。"

无论是什么原因促使你拿起这本书，我都希望它能激励你迈出下一步。

### 具体步骤

1. 确定你想从生活中得到什么，能令你快乐的又是什么。
2. 每天都有意识地专注于这件事。
3. 开始你的专注计划，每个月选择一个重点事项，每天都对其予以高度关注。

我们无法回到过去重新开始，但可以从今天开始，创造一个新的未来。接下来，我们就来看看，如何在这个纷繁复杂的世界里保持专注吧。

JAN
1月

专注提升

Growth

THE FOCUS PROJECT: THE NOT SO SIMPLE ART OF DOING LESS
**思考断舍离：** 如何依靠精准努力来达成目标

我的妻子安娜·玛利亚（Ana Maria）和我进行正面交锋，双方都敞开了嗓门，冲着对方嘶吼。不过，其实是我的妻子在冲我嘶吼，而我只是平静地——客观来说，应该是压着火气——重复着一句话："放松，放松，放松。"可以想象，这句话不但毫无作用，反而火上浇油，我还不如直接去炸药厂划根火柴。

引出这场大戏的原因，是我们的孩子没有赶上校车，继而引发了相互之间的"批斗"。我们就"究竟错在谁"这个问题争论不休：是谁的疏漏导致孩子出门晚了？是谁没能尽到应尽的责任？

事实上，我们两个已经够尽职了，而且我们还在不断地挑起更多的重担。可是，我们的力气使错了方向。我们都犯了同一个错误，那就是明明手边有电锯，却偏要拿起锤子去砍树。或者，可能我们一开始就应该选择另一条路——没有被大树挡住的道路。前面肯定会有一条更好走的路。

妻子和我简直蠢极了。当我们把所有的事情一件件捋下来，结果却都将愤怒的矛头转向了自己。

有趣的是，我们明明都有能力改变这一情况，却任由其一次次重演。我们就像在转轮上跑个不停的仓鼠，甚至可能还不如它，至少它还锻炼了身体。

简单来说，我们应该在自己面前放面镜子，然后对着镜子大喊：

"你每天不是迟到就是手忙脚乱的，怎么会这样？！"

"你为何要揽这么多事在身上，又分不清主次，一点休闲的时间都没有，连在孩子上学前陪陪他们都做不到！"

"晚上早点睡，早上自然就能早点起，不仅休息好了，还能准时让孩子赶上校车。"

January · Growth
1月·专注提升

"做再多的琐事也成不了大事！别再对所有小事都来者不拒了！"
"邮件可以等会儿再发，先帮孩子把鞋带系上！"
"我必须学会取舍，只选择那些绝妙良机，放弃一般的机会！"

对你来说，让你决心转变的契机，可能是又度过了没能抽出时间练瑜伽的一天，或者你已经叨了5年学吉他，结果到现在碰都没碰过吉他，抑或你现在在写的书，本该在8年前就写完了，可时至今日，只完工一半便束之高阁了。

孩子们去上学后，妻子和我互相道歉，又调侃了一番我们刚才可笑的言行。那天是1月3日，我们都认为专注计划势在必行，刻不容缓了。

我给1月制定的专注事项是提升，即提升业绩。它绝非我计划中最重要的事项，之所以把它放到1月来执行，是出于以下几点考虑。

1. 如果在未来数月能保持专注，我就不用担心我们的业务是否能顺利开展了。
2. 从可以量化的目标入手是非常明智的。我可以这样问自己："我专注的这件事有助于提高销售业绩吗？"
3. 最后，我深知专注于提高销售业绩绝非易事，失败的可能性极高。

如前文所述，我已经做过这方面的尝试，前四次都不幸以惨败告终。现在，我依然选择了再次挑战自己，而且是每天花2小时专注于提升销售业绩，坚持一个月，也就是连续31天！这次我会成功吗？

无论你要提升的具体内容是什么，我的建议是，首先关注那些绝

## THE FOCUS PROJECT: THE NOT SO SIMPLE ART OF DOING LESS
**思考断舍离：** 如何依靠精准努力来达成目标

对不容有失的事项。就像我先专注提升销售业绩，就是因为只有确保业绩，我才有闲暇去专注其他事项。

这个月，我的首要任务是提升业绩。我会不断问自己一个简单的问题："这件事与提升业绩有关吗？如果没有，我为什么要做呢？"

想要确定你的首要任务，你可以这么问自己："如果把这件事做好了，其他事情就可以做了吗？"或者，换句话说，如果在实现目标的过程中有10个关键点，只要你能完美拿下这个关键点，其余9个关键点就可以忽略不计吗？

举个例子，如果你自愿为孩子所在的学校筹集资金，那么你每年可能会安排50～100场小型募捐活动，还会有一场大型年度拍卖会。如果拍卖会盛况空前，屡创佳绩，那无论其余活动有任何不足，都瑕不掩瑜。反之，如果拍卖会成果惨淡，那无论其他活动多么成功，都无法弥补拍卖会造成的损失。

这类似帕累托法则，即著名的"二八法则"。按照该法则，我们80%的成功都来源于20%的尝试，简言之，把握最重要的20%才能事半功倍。以下方法可以确保你正确践行二八法则。

1. 列出最占用时间的5件事。
2. 圈出其中对结果影响最大的那件事。
3. 花更多时间专注做好那件事。

对我来说，首要任务很明确：承接更多面向大众的主题演讲和励志演讲活动，将每年25场提高到70场。这就是我要"提升"的内容，也是我在台上帮助他人改变人生的方式。

我主要的收入来源就是在台上为企业、院校、政府部门、协会等

January · Growth
1月·专注提升

提供寓教于乐的演讲活动。要开启为期12个月的专注计划，我就要承担它的高昂成本，必须将演讲场次翻倍。

决定专注营销对我来说还是挺具有讽刺性的。我花了很长时间才意识到我在公司的主要工作是销售，之前我一直认为自己是负责产出的——负责出书，负责录制播客。但是，你瞧，不管承不承认，其实我们都是在营销。无论试图说服伴侣修漏水的水龙头，还是请求老板让自己在周五在家办公，我们都是在营销。或者，你是一位科学家，正在为研究项目争取更多的经费，或者你正试图让某个朋友陪你一起去教堂做礼拜，还有为学校野营筹集资金的家长教师协会（PTA）做志愿者，从本质上来讲，这些都属于营销活动。就连说服老爸戒烟也不例外，属于营销活动。老话说得好，"生活处处皆营销"，这句话很有道理。

而且，你知道最擅长营销的是什么人吗？是孩子。4岁的女儿贝拉想吃棉花糖，你一开始拒绝了她，在她央求多次后，你依然不答应。可是，你猜怎么着？15分钟后——在一通软磨硬泡之后——猜猜是谁在享受那松软的粉红色美味？可不就是我们厉害的小贝拉吗！"卖饼干的小女孩"绝对是世界上最成功的推销员之一。

在你开始专注计划之前，我的建议是，先着手解决影响最大的问题，否则你会发现，在执行后续计划时，自己根本无法合理分配专注力。领导们总会确保承重最大的那条椅子腿不会出问题，不然的话，你的屁股十有八九会与大地亲密接触。

> 我必须做好哪件事，才能让其他事变得更简单或失败也无妨？

阻碍我个人和公司发展的一大问题，就是总是试图同时做许多事（就像行军蚁一样）。我们做演讲、辅导、咨询、制作动画视频、录制

THE FOCUS PROJECT: THE NOT SO SIMPLE ART OF DOING LESS
**思考断舍离：** 如何依靠精准努力来达成目标

播客、编辑时事通讯、更新社交媒体内容、建立客户关系、担任专家证人，还举办慈善活动……这么说，你们应该懂了。事实上，每次开完会，我们就会又多出3~5个待办事项。可是，我们很快也应验了那句俗话：待办事项清单上每添加三个新事项，就意味着要划去四个还未完成的旧事项。

这次，我们来换一个玩法。

我开始不断地问自己："我必须做好哪件事才能让其他事变得更简单或失败也无妨？"关于这个问题，许多人发表过自己的看法，其中最著名的当属来自奥斯汀的两位鬼才——蒂姆·费里斯（Tim Ferris）和杰伊·帕帕森（Jay Papasan）。后者与加里·凯勒（Gary Keller）合著了一本书，名为《要事一桩》（*The One Thing*），书中对这个问题进行了深入探讨，大家不妨一读。每当我向自己提出这个问题时，答案都是上台演讲。只要我能完美驾驭讲台这一方天地——无论是现场演讲还是远程在线演讲等方式——我就能为公司打开更多业务渠道，创造更多业务机会。尽可能使目标具体化是成功的关键。

美国培训与发展协会（American Society of Training and Development）就目标具体性对目标实现的影响进行了调查，得出数据如下：

- 如果你只是设定了一个目标或有这样的想法，那么目标实现的可能性为10%。
- 如果你决定为之付出行动，那么目标实现的可能性为25%。
- 如果你定好了行动时间，那么目标实现的可能性为50%。
- 如果你向他人承诺将实现这一目标，那么目标实现的可能性为65%。
- 如果你定期审查执行情况，那么目标实现的可能性为95%。

January · Growth
1月·专注提升

  我最早领略到专注的威力，还要追溯到职业生涯初期，当时我在一家名为"雅虎"的小型初创公司供职。那时的雅虎如大鹏扶摇直上，成为硅谷的宠儿、华尔街的宠儿，甚至全世界的宠儿。每逢展会期间，很多人排着长队来领取雅虎的赠品（小挂件之类的饰品），同事们曾经开玩笑说："哪怕是一堆大便，只要我们把它涂成紫色，再贴上雅虎的标志，人们也会乐呵呵地拿着勺，排着队，等着来尝鲜。"我们甚至还在公司大厅里摆了一头紫色奶牛模型。后来，雅虎副总裁赛斯·高汀（Seth Godin）干脆给自己的新书取名《紫牛》（*Purple Cow*），这本书也成为他最畅销的作品。

  在就职雅虎期间，我曾经参加过一场会议，时至今日依然记忆犹新。那是高德纳[①]的一场市场调研会。在会上，几位研究分析师和高德纳本人都对雅虎的迅速崛起震惊不已。短短几年后，雅虎已经跃升为全球排名第六的知名品牌。

  当调查人员提到雅虎时，多数受访者认为它是专做搜索引擎的。能晋升到全球排名第六的知名品牌，大多数雅虎人还是很兴奋的，我们甚至大胆预测公司很快就能坐上头把交椅。与此同时，当得知外人眼里的雅虎只是一个搜索引擎时，不少同事感到灰心丧气。大家难道还不知道雅虎不只是一个搜索引擎吗？

  天哪，我们的野心远不止于此！雅虎是人们与世界联通的窗口，能为人们提供各种定制服务，包括体育资讯、天气预报、电子邮箱、新闻、财经、音乐、影视、信息搜索、精彩赛事、餐饮、线上交

---

  ① 高德纳（Gartner），全球颇具权威的IT研究与顾问咨询公司，成立于1979年，总部设在美国康涅狄克州斯坦福，创始人为基甸·高德纳（Gideon Gartner）。——译者注

THE FOCUS PROJECT: THE NOT SO SIMPLE ART OF DOING LESS
**思考断舍离：** 如何依靠精准努力来达成目标

友……当时的雅虎首页可谓包罗万象，一时无人能出其右。在根据用户的需求定制的专属雅虎页面上，出色的检索功能只是众多优质服务中的一项而已。

为提升搜索引擎性能，我们当时使用了一家小公司研发的新技术。这家公司离雅虎总部不远，是由两位斯坦福大学的博士生创办的，他们提出了一种叫作"网页排名"的算法[①]。这两个学生想继续完成学业，愿意以100万美元的价格将其独创的这个计算模型卖给我们，当时是1998年。

雅虎放弃了这笔买卖，转而收购了Overture。Overture发明了一种竞价排名模式，催生出了一个新术语——"付费搜索点击"（paid search clicks），后简称为"付费点击"。此前，大部分搜索列表都是依据各大搜索引擎的点击量所呈现出的自然列表（免费的），参考的搜索引擎有雅虎、Ask Jeeves、AltaVista、Excite、Dogpile等。虽然我们知道搜索引擎是雅虎的主打业务，但依然热衷于满足所有人的全部需求，每天都在往雅虎的门户网站上增添新的功能组件。提供自定义服务可以增加雅虎的用户黏性，吸引用户的注意力，使其成为互联网世界的寡头，从而创造出巨大的商机。

那两个提出网页排名算法的斯坦福大学博士生，对Overture的模式非常了解，他们很快就明白了雅虎如何将付费点击模式整合进广告包，卖给通用汽车、百事可乐和华纳兄弟这些大公司。二人如醍醐灌顶，便开始在雅虎和Overture未涉足的海外市场试水新项目。

与此同时，雅虎更换了掌门人，由特里·塞梅尔（Terry Semel）取

---

[①] 网页排名（Pagerank），又称网页级别，用于标识网页等级或重要性的一种方法。——译者注

January · Growth
1月·专注提升

代蒂姆·库格尔（Tim Koogle）出任首席执行官。塞梅尔仔细研究了雅虎当时正在使用的检索技术，对两位博士生出售"网页排名"算法开出的50亿美元的价码犹豫不决。没错，不到4年，他们的要价已经从100万美元飞涨至50亿美元。塞梅尔之所以迟迟没有买单，部分原因在于雅虎之前对另一家初创公司的收购，令其血本无归。

雅虎以57亿美元的天价收购了一家名为播客（Broadcast.com）的公司。问题出在哪里呢？我们从未真正将其真正整合进雅虎的核心业务中。事实上，在雅虎高管们为是否收购拥有网页排名算法的搜索引擎公司而争执不下时，却在另一边准备关闭自己的博客频道。57亿美元就这样打了水漂，相信对任何公司来说都是一记重锤。不过，播客的老板马克·库班（Mark Cuban）倒是因为这笔买卖赚得盆满钵满。

结果大家可能猜到了，因为担心重蹈覆辙，所以塞梅尔最终决定放弃这家搜索引擎公司和它的网页排名算法。

这个决定令作为公司老板的那两个博士生大失所望。然而，当公司成功上市之后，他们哪里还有心思失望呢？他们一心争论着究竟应该在定制的波音767飞机上配备什么样的床——没错，他们是在讨论他们的私人飞机上应该添置什么样的床。

谢尔盖·布林（Sergey Brin）想要一张超级奢华大床，而联合创始人拉里·佩奇（Larry Page）则认为在飞机上放这么一张床太荒谬了。最后，当时新上任的首席执行官埃里克·施密特（Eric Schmidt）按照"谷歌法庭"的规定，对二人"宣判"："谢尔盖，你可以在你的房间放任何你喜欢的床。拉里，你的卧室配置什么样的床完全由你做主。此事到此为止。"

所以，一提到专注，我就会想起雅虎的前车之鉴。它本可以以100万美元买下拉里和谢尔盖的谷歌，却因一味贪大求全，没能专注做好

THE FOCUS PROJECT: THE NOT SO SIMPLE ART OF DOING LESS
**思考断舍离：** 如何依靠精准努力来达成目标

> 公司的品牌就像人的声誉。只有把难事做好才能有好名声。
> ——杰夫·贝索斯

搜索引擎，最后落得个一无所得的下场。

在你的生活中，有没有发生过本应专注做好"搜索引擎"，结果却一味求全的情况？你问问自己："我必须做好哪件事，才能令其他事变得更简单或失败也无妨？"请记住，"priority"（优先）这个词是进入现代之后才有了复数形式，在20世纪之前，"priorities"是根本不存在的。

## ◆ 别为坚果发狂[①] ◆

捕猴人在捕猴时，只需准备一个小盒子，在里面放上坚果，然后在盒子上开一个小口，让猴子刚好能把手伸进去抓到坚果。猴子嗅觉灵敏，能分辨出花生、巴西栗等坚果，闻见味道之后，就会把手伸进去拿。摸到坚果后，猴子就会把它攥在掌心，五指握拳。但是，当猴子准备把手抽出来时，就会发现，只有手指摊开才能从小口中进出，而握着拳头没法把手抽出来。

于是，猴子面临着一个选择：要么放开坚果，重获自由，要么握着坚果不放，等着被抓。你猜猴子每次的选择是什么？没错，它们每次都握着坚果等着被抓！

在这种情况下还不撒手，确实有些疯狂。

于是，我扪心自问：我一直紧抓不放的是什么？为提高销售额，我可以舍弃哪些无谓的工作？我最大的执念应该就是在网上的品牌形

---

① 作者在这里一语双关，Nuts 既有"坚果"的意思，又有"疯狂""发疯"之意。——译者注

象，具体地说，就是我们发布在社交媒体上的内容。作为内心住着一位设计师的人，任何稍微破坏美感的东西都会令我发狂。我给大家讲讲我女儿足球队的事，你们就知道我有多疯狂了。

一帮一年级小姑娘组成了一支足球队，而我是这支"棉花糖曲奇彩虹女战士队"的教练。每当有小姑娘把水壶落在了训练场（这是常有的事），我都会找一个很好的背景，将水壶摆在合适的位置，调好光圈，虚化远景，聚焦近景，拍一张完美的照片，再把照片发到家长群里，看谁家丢了水壶……这太夸张了，我知道！我会费很大力气去找场地摆拍，最后得到一张堪称专业水准的"爱冒险的朵拉"的水壶大片。我对设计就是有着这种狂热的执念。

但是，我很快意识到，在涉及媒体这条路上，"独行快，众行远"。相信团队策划的设计方案和社交媒体活动，可以使我有更多的时间去拉近与客户的关系，开发潜在客户。

虽然纠正我的"猴子"思维困难重重，但我已经开始领略到放开坚果的益处了。

### ◆ 果酱太多[①] 惹的祸 ◆

马克·莱珀（Mark Lepper）和希娜·亚格尔（Sheena Lyengar）进行了一项实验，他们在一家高档商店门口摆了一张大桌子，在桌上摆了24种不同的果酱，供人试吃。每隔几小时，他俩就把桌上的果酱从24种减少到6种。

你猜结果如何？当桌上摆着24种果酱时，人们的关注度更高，收

---

[①] "jam"既有"果酱"之意，也有"拥挤、塞满"之意。——译者注

THE FOCUS PROJECT: THE NOT SO SIMPLE ART OF DOING LESS
**思考断舍离：** 如何依靠精准努力来达成目标

获的关注度比只有6种果酱时高出了60%。

然而，接下来发生的事叫人大跌眼镜。更多的果酱品种虽然能收获更多的关注，为人们提供更多的选择，但当桌上的果酱种类减少时，果酱的销量反而猛增，而且两种情况下的销售业绩差距悬殊。

当选择减少时，人们购物的可能性反而提高了10倍。包括这项果酱实验在内的许多同类实验，都是以"选择过载"或"选择悖论"为研究课题。例如，有些研究还表明，如果企业为员工的"401K计划"[①]提供多种证券组合投资方案，最终接受方案的员工反而更少。这就是选择过载的结果。那么，我们应该怎么办呢？答案是，尽力避免在生活中选择过载。

### ◆ 缩小考虑集 ◆

在为Bazaarvoice担任咨询顾问时，我和团队进行过一项实验。Bazaarvoice是一个帮助客户捕捉网上口碑和用户评论的平台。因此，我们想看看线上口碑对线下零售环境究竟会产生多大的影响。

熟知选择悖论的团队成员们一致认为，网络测评可以缩小顾客的考虑集，从而能够更有效地帮助顾客做出购买决策。于是，他们选择了一家知名电子产品商店，在店内一个货架上摆满不同品牌和型号的同类电子产品供客户选择。之后，他们将其中一些产品的网上评分打印出来，而且这些产品的评分都是4星（5星满分）。

---

① "401K计划"也称"401K条款"，指美国《国内税收法》在1978年新增的第401条k项条款的规定，是一种由雇员、雇主共同缴费建立起来的完全基金式的养老保险制度。——译者注

他们还将有关评分产品的最有参考价值的好评和差评信息一并打印出来，贴在对应产品上方的货架上。

经过数周测试，你猜结果如何？上方贴有评论的所有商品的销售额都大幅攀升——这说明网上的评论确实帮助消费者缩小了关注范围。另一个意外发现是，不仅这些评分产品的销售额大涨，整个实验货架商品的总销售额也高于该商店的其他货架上陈列的商品。

此实验给我们的启示是，我们可以去看看自己的项目列表，按照每个项目的重要性，从1到10，对它们一一评分。这样可以缩小我们的考虑集，从而提高我们首先完成最重要的项目的可能性。

> 世上本无事，庸人自扰之。

### ◆ 学会提问 ◆

专注提高业绩还给我带来了另一个意想不到的好处，那就是我开始善于听取有助于提高业绩的各种建议。具有讽刺性的是，在销售中，真正重要的是帮助潜在客户聚焦目标。而要做到这一点，就要学会巧妙地提问。

好的问题能帮助我们确定客户焦虑的根源，使我们能够找到相应的对策来消除客户的痛点。《纽约时报》畅销书作家、组织营销专家丹尼尔·平克（Daniel Pink）就有一套帮助潜在客户明确购买目标的有效策略。他的这一方法对于激励员工、朋友、青少年等同样有效。

在一次会议上，我有幸结识了丹尼尔·平克，两人在后台休息室聊了起来。为了向我解释他那套独创的专注法，他给我模拟了一个场景：一对父母劝说十几岁的女儿收拾房间。

THE FOCUS PROJECT: THE NOT SO SIMPLE ART OF DOING LESS
**思考断舍离：** 如何依靠精准努力来达成目标

平克当时的原话是：

多数家长会采用的话术是："辛迪，去把房间整理一下。"
"我不想去，爸爸，为什么要整理房间呢？"
此时，爸爸很可能回答说："我让你去你就去！因为整理房间可以……"

接着，他会列举出整理房间的一系列好处。例如，养成自律的好习惯、找东西更方便、可以得到成就感和自豪感、有朋友来访时也不会尴尬等。的确，这些都是整理房间的好理由，可问题出在哪里呢？这些无法说服辛迪的原因在于，它们是爸爸给出的理由，而不是辛迪自己想出的。然而，这位父亲只需提两个问题，结果就会大不一样。

"早上好，辛迪，你想整理房间吗？如果用1分到10分来表示，你会选择几？"

"应该是4分，没错，就是4分。"

"那很好啊，但我很好奇，你为何不选一个更低的分数，如2分或者3分？"

"我也不知道，我只是觉得我今天或者明天还是应该整理整理的，因为哈利和萨拉周五会来玩。如果让他们看到我的脏内衣到处乱扔，会有点尴尬。而且，把房间整理好，找东西也方便。例如，要找我最喜欢的那件T恤就会简单得多，而且整理完还有成就感，你和妈妈看见了也会高兴。所以，我想，这就是我给出4分的原因。"

辛迪给出的理由和爸爸的几乎一模一样，最重要的区别在于，这是在爸爸的引导下，她自己想出来的。

不过，如果你要将这个方法用在员工或十几岁的孩子身上，就只能偶尔为之，因为这个方法用多就不管用了。

　　对于客户或潜在客户来说，由于我们与之接触的频率不高，所以此法更有效。有一家知名珠宝公司曾经请我帮它提升零售业绩，于是，我让售货员掌握了这一方法，结果成效显著。具体来说，这家珠宝公司经常出现如下场景。

　　售货员：我能为您效劳吗？
　　顾　客：谢谢，我想挑一副耳环。
　　售货员：好的，有什么特殊含义吗？
　　顾　客：是的，结婚5周年纪念日马上就要到了。
　　售货员：真幸福，那可真要恭喜你们了！具体是哪一天呢？
　　顾　客：下周六，所以我今天就得定下来。
　　售货员：没错，时间紧迫。您知道您的爱人不喜欢什么样子的吗？用1分到10分来表示，您对自己的答案有几分把握呢？

　　请注意，售货员有意用"不喜欢"来帮助顾客缩小选择范围。大多数人对其他人不喜欢的东西更有把握一些，因为不喜欢的事物范畴远不如喜欢的事物范畴那么宽泛。而且，这样一来，顾客就是从另一个角度来看待购买决策。他相信，只要自己不选对方不喜欢的东西，就一定不会买错。

　　顾　客：对于她不喜欢的款式，我还是挺有把握的，差不多能有8分吧。
　　售货员：8分真的很棒了。那么，她不喜欢什么样子的呢？
　　顾　客：她绝对不喜欢金的或铜的，太大的也不喜欢，因为她的

THE FOCUS PROJECT: THE NOT SO SIMPLE ART OF DOING LESS
**思考断舍离：** 如何依靠精准努力来达成目标

耳朵比较小巧。

售货员：您真的很了解啊！那么，您是否还记得，她曾在什么特殊场合佩戴过什么耳饰吗？例如，去高档餐厅就餐时。

顾客：有一次她戴了一副圆形耳环，上面有两颗钻石。她经常戴那副耳环。

售货员：太好了，您要是方便，我可以给您看看我们的白银系列和白金系列，其中有不少镶嵌了2~3颗钻石——既符合您爱人的喜好，又有独到之处。

不难看出，在以上情境中，售货员没有一味鼓动顾客购买，而是专注细节，帮助顾客克服因担心买错而产生的焦虑与茫然。请注意，正确的提问方式可以有效破解选择悖论。"她喜欢什么？"这样的问题太宽泛，令人无所适从。而询问她不喜欢什么则更容易得出答案，从而帮助顾客缩小选择范围。

而我们的推广信也存在类似问题，总是花大量篇幅来介绍自己——介绍我们的业务范围和优势。

天哪，我想……没人会读这些吧。我自己每天也会收到50多封不同公司发到我邮箱的推广信，而这些通常都会被我放进废件箱。

几周后，这些"鸿篇巨制"都如石沉大海，杳无音信了。于是，就有公司团队找到我，向我寻求建议。我找来了其中的团队成员之一香农（Shannon），向她提了几个问题，便立马看到她眼睛一亮，满脸顿悟的样子。

我：你希望收到的邮件是长篇累牍还是言简意赅？

香农：言简意赅。

我：  你觉得你给潜在客户发的邮件言简意赅吗？

香农：不，我们的篇幅太长了，可以说令人讨厌。

我：  如果你收到这样一封邮件，你会把它读完还是删除？

香农：我会删掉它，太长我受不了。

我：  你收到过的最有用的邮件，内容是关于你和你的需求，还是关于发件人有多优秀的？

香农：我愿意收到那些关注我和我的需求的邮件。

我：  你喜欢严肃的商业化内容，还是有趣又有人情味的内容？

香农：有趣又有人情味。

我：  现在有解决方案了吗？

香农：有了，你这么一说，我就明白了，我们应该将邮件的重点从我们自己转移到收件人身上。我们还应该尽量缩短篇幅，提出令人愿意回复的有趣的个性化问题。

于是，香农删除了推广信中大段大段的有关动画工作室的介绍，而将重点放在收件人的具体需求上。

我非常喜欢你们公司的新款电动牙刷！如果你们需要制作动画视频在亚马逊上用于促销，欢迎联系我们公司。我们曾为迪士尼制作过类似视频。

说到迪士尼，不知你从小到大最爱的迪士尼电影是哪一部？我最喜欢《超人特工队》。

祝好，香农

看到这样的邮件，人们可能不仅会停下来想想自己最喜欢的迪士

THE FOCUS PROJECT: THE NOT SO SIMPLE ART OF DOING LESS
**思考断舍离：** 如何依靠精准努力来达成目标

尼电影，甚至还会觉得必须回信分享一下心得。无论何时，唤醒人们的童心总是无妨的。其他同样有效的问题还包括："你最喜欢什么口味的女童子军饼干？""你最喜欢的儿童麦片是什么？"

当我们告诉潜在客户，自己最喜欢的电影是《超人特工队》或最喜欢的女童子军饼干是薄荷巧克力饼干时，浮现在他们脑海中的就是《超人特工队》的海报或薄荷巧克力饼干的图片，而不是冗长的文字。多数人是视觉学习者，图像可以刺激人们的思维——这也正是表情符号大受欢迎的原因。

一幅图像确实胜过千言万语。我们发现，在将邮件内容精简、增添人情味、使用图像刺激方法之后，我们开发客户的成功率显著提升。

减少客户的考虑集也能对业务产生深远的影响。一家市值30亿美元的公司的首席执行官曾经告诉我，他在年初对董事会说："我们的业务领域太大了。"他大胆地要求董事会批准公司接下来只专注发挥自己的核心优势——一心做好银行和信用卡业务。这么做就意味着，他们将放弃在航空、食品、房地产等领域的潜在大客户。董事会勉强同意了这位首席执行官的请求，但补充说，如果计划失败，将由他承担一切后果。对这位首席执行官来说，做出如此孤注一掷的决定，着实需要一番勇气，好在最终结果没有令他失望：12个月后，公司的总收入翻了一番，利润增长了2倍。而所有这一切都源于一个极为困难的决定——缩减业务种类。这个故事极大地触动了我，因为我们公司也正需要将目光从其他海外市场收回，专注提升在美国市场的表现。

有的人穿过整片森林，却看不见一根柴火。

## ◆ 好的问题是构建良好关系的桥梁 ◆

提升专注度给我带来的另一个意外收获是，我帮助他人提升专注度的能力也提高了，这是因为我学会了如何更好地提问。

焦点式提问是构建深厚人际关系的基石。想想看，你上一次说"哇，我真的很喜欢和卢克待在一起，因为他一直说个不停"是什么时候？不会有人这么说的。

我们真正喜欢的交谈模式是：对方大部分时间都在倾听，认真倾听，不漏过我们说的每句话。具体表现是：在我们说话时，他会身体微微前倾，直视着我们的眼睛，偶尔提出一些他知道我们会乐意回答的问题。

如果说焦点式提问是构建良好关系的桥梁，那么问题提得越好，这座桥梁就越坚固，关系就越持久。

所有的交易都是由人际关系驱动的。无论是做买卖还是做人情，我们都是与人打交道，而不是与公司打交道。这句话不仅适用于商业领域，在生活中同样适用。如果女儿想说服父母让自己开通新的社交账号或比约定时间晚2小时回家，那么平时她与父母的关系越亲密，她得到父母批准的可能性就越大。毕竟，信任是日积月累建立起来的。

言归正传，再说提问的力量。我与一位合作伙伴的预先"通气"电话，就能很好地反映出我提问水平的提高。通过提问，我可以帮助对方确定自己的核心需求。

当时，这位合作伙伴请我去他们的年会上发表主题演讲。他们对这次年会丝毫不敢怠慢，因为届时将高朋满座，他们的许多顶级客户和合作伙伴都将参加，这些人都是世界知名餐饮集团的首席执行官和高管，嘉宾阵容非常强大。

THE FOCUS PROJECT: THE NOT SO SIMPLE ART OF DOING LESS
**思考断舍离：** 如何依靠精准努力来达成目标

在我登台前几周，我们就演讲内容打过几次通气电话。

在每次发表主题演讲之前，我都会针对观众定三个目标——取悦他们、教育他们、强化他们。我认为大多数人乐于被取悦，而娱乐就像将人的思维与新思想连接的超级高速公路。通过娱乐方式，我们仿佛能将一个人的头生生撬开，然后把知识一股脑儿地灌进大脑里。而教育则能使人们更强大。

用公式来表示，就是：

娱乐 ▷▷ 教育 ▷▷ 能力

典型的通气电话内容如下：

埃里克：　我的目标是取悦观众、教育观众和强化观众。这三样我都会做，你希望哪一样是重点呢？

合作伙伴：问得好。我想这三样应该同等重要。

他们的真实意思就是"是的，三样我都要。"这就像问一个孩子，如果只能吃一勺冰激凌，他想要香草的、巧克力的，还是草莓的。孩子会故意用含糊的"好"来回答。

大约95%的回答者都会给出与上述类似的回答，而这种答案无法帮助我确定演讲重点，以实现对观众的有针对性的目标。开始，我误认为问题出在合作伙伴身上，所以总会责怪对方："不是我的问题，是他们的问题！他们为什么不能好好给我一个答案呢？"

后来，我意识到，如果所有的合作伙伴给出的答案都是含糊不清的，那问题就不是出在他们身上，真正的问题出在我身上！那一刻，

我才真正醒悟。

  专注的一个重点在于化整为零。为得到更明确的答案，我的问题必须能帮助对方确定重点所在。于是，我强化了问题的针对性。

埃里克： 我的方法是取悦、教育、强化观众。如果我给你10个坚固的金币，让你把它们分别放入娱乐、教育和能力这三个桶中，你会如何分配呢？

合作伙伴：嗯，我觉得应该更倾向于教育，但我的这一想法好像并不适合这类会议。由于你的演讲是开场节目，所以我们还是希望大家能够轻松、愉快些。而且，前一天，他们还会针对技术教育进行多场分组讨论，所以我会在娱乐桶里放5个金币，在教育桶里放2个金币，

THE FOCUS PROJECT: THE NOT SO SIMPLE ART OF DOING LESS
**思考断舍离：** 如何依靠精准努力来达成目标

在能力桶里放3个金币。

你瞧，虽然后一种提问方式只是稍微改变，但得到的答案和结果完全不同。这样一来，合作伙伴、我和观众三方都能从中受益。

有时候，活动团队和首席执行官的主张是完全对立的。此时，提出更有针对性的问题能使我们有机会在上台前化解分歧，达成共识。

一位合作伙伴曾经给过我们很高的评价："我干这行有20年了，还从未听过如此发人深省的问题。"

爱彼迎的创始人布莱恩·切斯基（Brian Chesky）也提出一个适用于任何领域的有效问题。多数人都对爱彼迎提供的5星级（5星为最高）体验赞不绝口，而布莱恩想知道11星级体验是什么样子。

借鉴这个思路，我也常会发问："5星级体验已经很好了，11星级体验会是什么样子呢？"最终，这个问题被我一路拓展下去，直至问到了42——我在大学篮球队时的球衣号。42星级体验又是什么样子呢？研究结果表明，相比5或10这样的常规数字，人们更容易记住42这种特殊数字。

我们从42星级问题得到的答案，帮助我们呈现了高水准的工作表现。其他意外收获是什么？现在，在我的客户的脑海中已经形成了一种根深蒂固的印象——我一定会给他们带来42星级的表现。每次活动结束后，会议组织者总会说一句："干得漂亮，名副其实的42星级演讲！"

无论是在工作中还是在生活中，建立良好关系的最佳方式都是提出更具有焦点性的问题，帮助回答者得出更明确的答案。

不知不觉，1月31日近在眼前了，此刻的我既兴奋又失落。兴奋的是，下个月我就将专注安排好自己的生活，失落的是，我专心致力于提高销售业绩的日子即将结束。月初，我还在惴惴不安地想："如果我一心专注于提高业绩，结果却一无所获怎么办？接下来，我该何去何从？我是撤销整个专注计划，还是放弃这本书？"

幸好，结果远远超过我的预期，这个月创下了最高销售纪录！不仅如此，（提前透露一下）这个月的努力还使我们今年创下了年度最高销售纪录。与此同时，观看我们演讲的观众大大增加，我接触的圈子也越来越高端。我见到了奥巴马，还受邀顶替苹果的联合创始人史蒂夫·沃兹尼亚克（Steve Wozniak）为一场会议做开场演讲，我不仅与美国联邦调查局的局长共同向3300名反恐特工致辞，还给歌帝梵巧克力公司（Godiva Chocolates）的首席执行官做过辅导，之后又先后两次与《欲望都市》里的萨拉·杰西卡·帕克（Sarah Jessica Parker）同台。我甚至还在肯尼亚领养了一只小猎豹。

专注使这一切成为可能。请保持冷静，保持专注！

## ◆ 本章小结 ◆

### 本月大事

请自问："我必须做好的那件事是什么？"

### 本月得分： *A*

本月的计划是由一个困扰我多年的问题开启的：在这个纷繁复杂的世界中可以做到专注一件事吗？即使可以做到，是否会带来重大转变呢？结果如何？从这个月的结果来看，答案似乎是肯定的。

THE FOCUS PROJECT: THE NOT SO SIMPLE ART OF DOING LESS
**思考断舍离：** 如何依靠精准努力来达成目标

### 关键要点

1. 确定你的专注事项——唯一要专注的事是什么？做好遇到困难的准备，如果很简单的话，我们早就做到了。我前四次都以失败告终，直到19个月后第五次尝试才最终取得成功。

2. "越专注越幸运。"这一个月的专注，使我们收获了创纪录的一年！

3. 焦点式提问是构建良好关系的基石。

FEB
2月

生活

时间管理

会议效率

会议人数

Time Management

THE FOCUS PROJECT: THE NOT SO SIMPLE ART OF DOING LESS
**思考断舍离：** 如何依靠精准努力来达成目标

一提到这个月的主题"时间管理"，我就兴奋不已。具体来说，我将专注于使自己的生活变得更加井然有序，合理安排我的日程。清洁和整理工作的成效是立竿见影的，我们做出的最重要的投资——时间，也会立刻收到回报。经过一番整理过后，零散杂乱的一堆书本被整齐地码放在书架上——我们瞬间就能收获一种即时的满足感；经过十几分钟的整理，凌乱的桌面焕然一新；只要花几分钟删改，繁忙的日程也可以立刻慢下来。

我的确打算合理安排我的时间，但不想增设太多无关的内容。大多数人将时间管理的目标定为"可以做更多事"，我对此不敢苟同，我的目标正好相反，希望少做一些事，因为只有少做一些无谓的琐事，才能完成更多的大事。一心惦记时间，会使人产生紧迫感，而事实反复证明，这会降低工作质量。在完成待办事项和具体事务时，我们必须注重的是完成质量，而非数量。我们应当把生活看作一个崭新的坚硬的行李箱，而不是一个软软的旧箱子。因为软箱子可以让我们不停地往里面塞东西，而这样的结果是，箱子要么被挤破，要么无法放进飞机座位上面的行李舱里。遗憾的是，这是许多人超负荷生活的真实写照。

放眼自己的生活，我觉得似乎处处都需要重新整理。为缩小范围，抓住重点，我决定在这个月先专注整理实物，数字资料暂且留待他日整理。当然，如果时间允许的话，我也会利用碎片时间稍作整理（你瞧瞧，7年的家庭合影还全部存在手机里）。

每个人的清单可能都不一样，而我在2月的十大重要事项是：

1. 整理橱柜里的物品，将不需要的及时处理掉。
2. 在各种危险气体混合而发生爆炸之前，将车库打扫干净。

3. 整理文件柜，这样我就能找到去年的纳税申报单了。
4. 清理冰箱，不然可能无福享受新年的圣诞节啤酒大礼包了！
5. 整理那些"埋葬"电子产品的抽屉。
6. 更新遗嘱，将小女儿加进去……这可不是儿戏。
7. 拿到得克萨斯州的驾照——没错，我用了6年的马萨诸塞州驾照！①
8. 调整洒水器上的计时装置，这样可以节约用水。
9. 至少提前3个月订好所有演讲活动和新书签售会的机票，这样就不用再为短短45分钟的飞行购买950美元的"高价机票"，还只能被挤在中间的座位上。
10. 多配几把家门钥匙。

配钥匙这一项竟意外成了一次十分有趣的活动，而且只用了5分钟。女儿们兴致勃勃地挑选着钥匙上的图案，最终，彩虹、独角鲸和公主脱颖而出。当我将那把像个独角兽一样的印着闪亮彩虹图案的钥匙交给邻居时，虽然有些尴尬，但每每用到它时，我与女儿们的那次愉快经历就会浮现在眼前，令我珍惜不已。

◆ **精彩人生，从铺床开始** ◆

我知道，我一定会享受井然有序的生活，但我担心这是否会令我逐渐变得好逸恶劳。规律的生活真的有助于我实现宏伟的目标吗？

---

① 美国各州的驾照并不通用，如果搬到其他州生活，需要重新考取当地的驾照。——译者注

THE FOCUS PROJECT: THE NOT SO SIMPLE ART OF DOING LESS
**思考断舍离：** 如何依靠精准努力来达成目标

> 每天早晨，当双脚踩在地上时，我便将它们视作这一天的两种选择——是选择热爱生活，还是选择非常热爱生活。

你有没有在困惑时突然觉得醍醐灌顶的经历？当我听完美国特种作战司令部第九任司令、海军上将威廉·H. 麦克雷文（William H. McRaven）在得克萨斯大学学生毕业典礼上发表的演讲后，我就是这种感觉。

麦克雷文强调，像铺床这样的事，看似无足轻重，实则意义重大。如果连铺床这样的小事都做不好，又何谈成就伟业呢？他的部分演讲内容如下：

海豹突击队的训练项目之一，就是每天早晨，教官们（当时我的教官都是越战老兵）来到营房，他们要检查的第一项就是床铺。床铺正确的铺法是：将床单平铺在床垫上，四角齐整，将枕头置于床头正中，将盖毯整齐叠好，置于床尾——这是海军的铺床标准。

这项任务并不难，或者说并没有什么特别之处。但是，每天早晨，我们都被要求把床铺整理到近乎完美的状态。在当时看来，这似乎有些可笑，尤其想到我们要成为真正的战士、骁勇善战的海豹突击队员，但时间已反复向我证明这一简单行为中蕴藏的人生智慧。

如果每天早上都整理床铺，你就完成了每天的第一项任务。这不仅会令你产生小小的成就感，还会激励你去完成接下来的一项又一项任务。这样一天下来，你完成的任务就从一项变成了多项。整理床铺还能验证一个事实——小事也重要。如果小事做不好，就别想把大事做好了。

而且，如果经历了悲惨的一天，至少还有一张整洁的床聊作慰藉，这是你亲自整理的，整洁的床铺会激励你相信明天会更好。

如果你想改变世界，就从整理床铺开始吧。

麦克雷文的这一观点也得到了研究的证实。整理床铺的人睡眠质量比不整理床铺的人高出19%。当身处整洁的环境中时，人们更加放松。同理，相比睡在脏乱床铺上的人，75%睡在整洁床铺上的人睡得更安稳、更舒适。

此外，我们或许能从跳远运动员身上获得启发。下次看奥运会比赛时，你可以留心观察一下，跳远运动员在起跳前助跑的最后一步，是步幅最小的一步——通常缩小25厘米左右。

我们的人生金牌之路也是如此，只有积累跬步，才能成就纵身一跃。

快去整理床铺吧！

### ◆ 我要疯了 ◆

去了一趟超市回来，我就意识到，做到专注难于上青天。我的脑子简直乱成了一锅粥。

我需要买的是鸡蛋、牛奶、香蕉。

结果，中途偶遇一位邻居，收到几条短信，买了几样有意思的小玩意，最后在待购清单中，我只记得鸡蛋。

### ◆ 蹒跚学步的不只是孩子 ◆

我创作此书的原因之一，是想对我所著的《社群经济学》（Socialnomics®）一书，进行某种意义上的纠偏补弊。它就像一剂抗

THE FOCUS PROJECT: THE NOT SO SIMPLE ART OF DOING LESS
**思考断舍离：** 如何依靠精准努力来达成目标

毒血清，可以帮助我们抵御新科技使我们形成的不良嗜好。B. J. 福格（B. J. Fogg）对通过微行为培养长期习惯进行了研究，而且形成了一套理念体系，与麦克雷文上将提出的"整理床铺"建议有异曲同工之妙，引起了我的极大兴趣。

福格是一位心理学家，担任斯坦福大学研究员，专攻电脑劝导技术，即研究电脑和移动设备对人类行为的影响。福格第一次引起我的注意，是在我创作《社群经济学》期间。福格的研究与社群经济学理论高度相关，因为凡是使用社交媒体的人，基本都在无意之中参与了世界上最大规模的社会科学试验，而操控这些实验的正是Instagram、YouTube、微博、脸书、抖音、推特及其他社交媒体的数据专家。

福格认为，试图靠意志力去养成我们并不喜欢的习惯，是行不通的。例如，我们强迫自己每天早起，去健身房骑一小时健身车，可由于不是真正喜欢，所以最终不了了之，根本无法养成健身的习惯。

他认为，这种错误做法甚至比什么都不做更妨碍我们提升自己的生活品质。

他进一步表示，我们应该从容易实现的小目标开始，循序渐进地调整，任何一点进步都值得庆贺。举个例子，如果你的车是出名的脏乱差，但你想做出改变，就将它彻底清理一番。

如何一点点做出改变呢？每次停好车之后，你就从车上带一件垃圾下来。当垃圾被放入垃圾箱后，你可以振臂高呼"完美"，就像在篮球场上投入了制胜的一球一样。

福格的公式[①]中包含"触发条件"一项。在上述例子中，触发条件

---

[①] 福格提出了行为模型"B = MAT"，即行为（Behavior）的发生需同时具备动机（Motivation）、能力（Ability）和触发条件（Trigger）这三个要素。——译者注

就是停车。在其他例子中，触发条件可能是每次洗完手都要做25个仰卧起坐，即洗手＝做仰卧起坐。

我们一般将触发条件与某种消极的因果关系联系在一起，在福格的公式中则不然，触发行为产生的往往是积极因素。

关于触发条件的确定，有一个简单法则：

"在养成某种现有习惯后，人会产生新习惯。"

福格为此还举了一个著名的例子：

"在刷牙后，我会用牙线清理一颗牙齿。"

这听起来有些荒谬——谁会用牙线只清理一颗牙齿？这正是诀窍所在。如果你真的开始用牙线清理一颗牙齿，你可能就会说："管他呢，多清理几颗又何妨？"

有趣的是，研究结果表明，这个简单的剔牙动作可以将人的寿命延长6年。从现在开始，每天用牙线清理一颗牙齿，我们就可以多活6年——怎么想也不亏啊！

福格还表示，再小的进步也值得庆贺，因为我们能从每次成功中收获信心。微小的改变更容易与我们忙碌的人生契合，也更容易成功，而不断的成功有助于我们达到一定程度的自律。

尽管人们普遍认为这些微小的行为不足以使自己达到理想的自律水平，但至少能养成良好的习惯，使自己拥有健康而规律的生活。

THE FOCUS PROJECT: THE NOT SO SIMPLE ART OF DOING LESS
**思考断舍离：** 如何依靠精准努力来达成目标

## ◆ 如何像牛仔一样安排日程 ◆

> 你花在计划上的每分钟都将为你赢得行动的一小时。
> ——本杰明·富兰克林

公司的办公室主任和我每天早上9点35分都要开会，而第一个事项就是核对我的日程安排、周计划、月计划。虽然制订计划很无趣，但凡事预则立，不预则废。

起初，我的日程总是安排得满满的，连在会议间隙去吃顿正式午餐，甚至去趟洗手间的时间都没有。于是，我们决定将一些工作内容安排在特殊时间段内。例如，每个周一、周三和周五上午10点至10点30分，是咖啡会议时间。多数需要通过电话进行的工作都被安排在我开车的时候进行。中午12点45分至13点45分，是午餐会议时间。

最重要的事情被明确标注在日程上，并且要保证严格按照计划执行。我需要刻意留出时间来做到下面两点：

1. 保持理智和健康。
2. 进行深度思考与写作。

过去，我总是随意调整自己的日程。在这里延迟15分钟，在那里延迟12分钟，不仅打乱了整个安排，还使自己压力陡增。有时，我甚至在网约车的后座上写书，因为只有在不同地点间奔波的路上，我才有片刻"闲暇时光"。

如今，我们找到了应对之策，并称之为"牛仔日程法"——一个只有大片空白和分隔

栏的日程表。虽然我不靠牧马为生，但可以像安妮·欧克丽（Annie Oakley）或约翰·韦恩（John Wayne）那样安排自己的生活。我只是不像韦恩那样一天抽六包烟。在这周，我要试一试——用牛仔的方式安排日程，留出特定的时间完成特定的工作，然后为创造力、休闲放松和深度思考留出广阔的空间。

## ◆ 消灭"时间吸血鬼" ◆

牛仔日程表的另一个要点是，如果你将咖啡会议的时间规定为30分钟，那就必须在30分钟内结束会议。

以前，这类咖啡会议总容易超时，一不留神就开了60～90分钟。现在，我更注重合理利用时间。例如，如果我要交谈的人需要排队等15分钟才能拿到咖啡，我就站在他们旁边，利用这个时间跟他们交谈。

拿到咖啡后，我们再坐下来，继续谈15分钟。相比坐着干等和抱怨谈话时间不够的情况，这样做好得多。因为这类会谈很容易就会超过1小时，而你浑然不觉。

计划外的碎片时间，左一个15分钟，右一个30分钟，逐渐积累起来，就会像吸血鬼一样"吸干"我们的时间，继而吸干我们的人生。

现在怎么样？由于要严格执行日程表的时间规定，我们反而能更快进入会议主题。而且，我们会见的大多数人也公务繁忙，所以双方联手消灭时间吸血鬼是双赢之策。

THE FOCUS PROJECT: THE NOT SO SIMPLE ART OF DOING LESS
**思考断舍离：**如何依靠精准努力来达成目标

## 用数字手段消灭"时间吸血鬼"

1. 批量处理各种收件箱（例如，电子邮件收件箱）。我选择在上午10点至10点30分和下午3点至3点30分做这件事。

2. 陌生电话直接转至语音信箱。

3. 不要阅读产品说明书，它们大多废话连篇。多去看看网上的使用要点和技巧说明，或观看简短的产品使用视频。

4. 如果经济条件允许，就尽量从网上订购日用品。这样做成本有所增加，但能为你节省时间和路费，还能减轻你的负担，解决搬运问题（否则你会遇到的问题有：将大包小包的物品从车上卸下来，拖着一袋40磅重的狗粮上楼，到家发现冰激凌全化了……）。即使多次下单购物，也比每周制订购物清单容易得多。

5. 对待网络通信要像打网球一样：用简短的信息（不超过两句话）迅速将"球"击回对方场地。然后，看准时机，打出制胜球，礼貌地结束对话。杂乱的桌面会使你的办公效率低下，杂乱的收件箱也是如此。请记住这句格言：桌面和收件箱杂乱就是思想杂乱的标志。

6. 大部分电子邮箱都有标记功能，可以区分重要和非重要邮件，你要学会使用这些工具。

7. "及时敲一下，可以省九下。"掌握常用程序快捷键的用法。

8. 浴室、健身房，还有汽车、飞机、地铁，都是听播客等音频的好地方。

9. 给手机配备高品质的头戴式或耳塞式耳机，这样就可以一边打电话，一边完成不需要动脑筋的小事（例如，洗碗、收拾

February · Time Management
2月·时间管理

行李、叠衣服、散步)。

10. 不要频繁查看项目进展。例如,除非你是当日交易者,否则整天不断地查看股价涨跌完全是在浪费时间和精力。

11. 使用人工智能技术。利用Siri、Alexa、Google Assistant等语音助手来完成简单的工作,以节省打字时间。

12. 使用语音信箱的语音转文本功能,这样你就可以快速浏览文本,而不必仔细收听语音信息。

13. 用发语音信息来代替文字消息或电子邮件。

> 做最重要的事永远是最重要的。

托马斯·考利(Thomas Corley)花了5年时间,对富人和成功人士的日常习惯进行研究,结果发现这些人都有一个共同的习惯,那就是他们每天都会花时间思考问题。

考利列出了富人最常思考的十大核心主题:

1. 事业
2. 财务
3. 家庭
4. 朋友
5. 商务关系
6. 健康
7. 理想和目标
8. 面临的问题
9. 慈善
10. 幸福

THE FOCUS PROJECT: THE NOT SO SIMPLE ART OF DOING LESS
**思考断舍离：**如何依靠精准努力来达成目标

他们会问自己与这些主题相关的问题，并且常常把问题和答案一并记录下来。

- 如何才能赚更多的钱？
- 我的工作令我感到快乐吗？
- 我锻炼得够吗？
- 我能参加什么样的慈善活动？
- 我有好朋友吗？
- 哪些商务关系是我应该花更多的时间去维系的？哪些人是我应该尽早远离的？

当像牛仔一样制订日程时（用分隔栏留出大片空白区域），我们就能给自己创造出更多思考的时间，就能有的放矢地安排我们的每天、每周和每个月。

## ◆ 多任务处理其实只是在不断切换任务 ◆

"一心多用是搞砸一切的最佳方法。"这究竟只是T恤上的搞怪标语还是事实真相呢？英国精神病学研究所（The British Institute of Psychiatry）的一项研究结果表明，同时处理多项任务（例如，一边完成某项创造性工作，一边查看邮件），会使人在此期间的智商下降10个点。不知道各位怎么想，反正我的智商经不起10个点的损失！

这种智商下降的程度，相当于36小时不睡觉对智商造成的影响，它甚至是吸食大麻带来的影响的2倍。

为何如此呢？实际上，所谓同时处理多项任务只是在不同任务间不断切换。研究人员大卫·梅尔（David Meyer）这样解释："当人们处在多任务处理的工作环境中时（例如，一边用电脑工作，一边打电话，一边与同事交谈），其实只是一直在切换任务，并非同时进行各种任务。如果在一项任务上无法保持数十分钟的专注，就相当于损失了20%～40%的工作效率。"

事实上，人的大脑只是在不同任务间切换，而并非平行处理多项任务。那么，究竟哪项任务更重要——是写书，还是接听电话？当大脑在任务间切换时，人的工作效率就大大降低了。美国神经紊乱与中风研究所（National Institute of Neurological Disorders and Stroke）认知神经学部门主任乔丹·格拉夫曼（Jordan Grafman）是这样解释的："关于大脑同时处理多重任务的文献资料很多，但大脑实际上并不具备这样的功能，它只是在不断切换任务，并非同时处理许多任务。"

斯坦福大学心理学家安东尼·瓦格纳（Anthony Wagner）和埃瓦尔·奥菲尔（Eval Ophir）经过研究发现，经常同时处理多方信息的大学生，如查看社交媒体、发信息、看视频、学习、打电话等，在效率上远低于不经常一心多用的大学生。

多重任务处理还会给人造成长期的负面影响。相比极少一心多用的人，经常同时处理多项任务的人更难以应付需要工作记忆的任务，也更难保持专注。一心多用会导致注意力涣散，久而久之，就会使人更难在任何单一任务上保持专注。

所以，我们一直以来做错了吗？我们本想同时处理多重任务来提高工作量，结果适得其反？简而言之，的确如此。

避免任务切换的方法之一，便是消除我们待办事项清单上的任务数量。超过70%的人会列待办事项清单。加拿大人最喜欢列待办事项清单，美国人最依赖待办事项清单。日本人最不喜欢列待办事项清

## THE FOCUS PROJECT: THE NOT SO SIMPLE ART OF DOING LESS
**思考断舍离：** 如何依靠精准努力来达成目标

单，即便如此，仍有超过50%的日本人会列待办事项清单。从全世界的范围来看，女性比男性更喜欢列待办事项清单。

大多数人还是会将待办事项列在纸上，这种行为的背后存在一个生物学动因。每当我们在清单上划去一项时，大脑就会释放多巴胺。无论是完成装修计划，还是赢得象棋比赛，只要完成了既定目标，大脑就会释放多巴胺，让我们感到快乐。

通过在待办事项清单上制订可以实现的小目标，我们就能通过操控体内的多巴胺水平来实现这些目标。

例如，当鲍勃整理好办公桌之后，他的神经系统就会释放多巴胺，使他有一种成就感和愉悦感。这种感觉会促使他重复这一行为，并激励他继续保持桌面整洁，并完成待办事项清单上的其他事项。

然而，多巴胺也是造成各种负向耽溺问题的罪魁祸首。不同的人需要不同的快乐和奖励来获得足够的多巴胺。食物成瘾者的神经元会在吃到多汁的汉堡时被激活，性成瘾者的多巴胺会在看到色情图片时被释放。同样，酗酒者只需小酌一口，多巴胺便会喷涌而出。社交媒体公司的程序员和工程师正是借鉴此道，设计出令青少年上瘾的程序，操控他们体内的多巴胺水平，使他们一连数小时沉溺于社交平台或应用程序上，而这些程序员因此获得数百万美元的报酬。

了解了多巴胺背后的生物学原理，我们就有机会抵御由其引起的严重或轻微的耽溺现象。

例如，在创作本书期间，我发现每次演讲之后，我往往就会花上一整天回复数百封反馈邮件。看着未读邮件从300封变成零，会使我的多巴胺激增。现在，我已经了解了这个多巴胺陷阱，在演讲期间会给自己设定坚持写作的小目标（例如，每天写作20分钟），防止自己过度耽溺于其他事务。

最重要的是，我开始在制订待办事项清单之前，先制订一份禁止事项清单……

## ◆ 制订禁止事项清单 ◆

待办事项清单很好，但禁止事项清单更好。成功人士都知道，重要的不是多成事，而是多成大事。制订禁止事项清单就是我从专注计划中得到的最有用的习惯之一。

如果你总是无法完成待办事项清单上的所有事项，别灰心，我们也一样。领英网曾对全球6000多位专业人士进行过一项调查，结果显示，只有11%的人能够经常完成全部待办事项。所以，对于剩下的89%和我们大多数人来说，是时候换个新方法了。为何不开始制订禁止事项清单呢？我们必须像冷血杀手一样，无情地消灭一些事项。为何不每天多问问自己，还有哪些事项是可以去掉的（例如，可以不做的）？

几乎所有事项都应该被默认加入我们的禁止事项清单中。你也许觉得这个叫法不合适，可以称其为搁置清单。这份清单的妙处在于，它能够帮我们清理待办事项清单。科学研究结果表明，即使在处理项目1，人的大脑也会无意识地思考项目37。

一旦制订了待办事项清单，大脑就会下意识地决定哪些信息需要留待以后处理。这种下意识的行为被称作蔡加尼克效应（Zeigarnik effect）。在我们毫无察觉的情况下，大脑会去思考和计划还未完成的事项。

蔡加尼克效应是以苏联心理学家布鲁玛·伍尔夫娜·蔡加尼克（Bluma Wulfovna Zeigarnik）的名字命名的。20世纪20年代，蔡加尼克在餐厅就餐时发现，服务员能够清楚地记住顾客的订单详情，可一旦

THE FOCUS PROJECT: THE NOT SO SIMPLE ART OF DOING LESS
**思考断舍离：** 如何依靠精准努力来达成目标

顾客付完账，他们就再也无法像几十分钟之前那样清晰地记得详细的订单内容了。

这引发了蔡加尼克的思考。为何在顾客付账前服务员能够记住订单的所有细节，而此后几乎什么也想不起来呢？于是，她专门针对这一现象进行了深入研究。

蔡加尼克设计了一项实验，她召集了138名儿童，让他们完成算术题、拼图等若干任务。在孩子们完成其中半数任务的过程中，他们没有受到任何干扰；在他们完成其余半数任务时，被打断或干扰。最后，研究发现，在1小时后的测试中，在138人中有110人对被打断的任务所能回忆起的细节量高于已完成的任务。在对成年人进行的类似实验中，研究也发现，被测试者对未完成任务的记忆量比已完成任务的记忆量高出90%。

这一效应经常发生在博览群书的阅读爱好者身上。当他们全神贯注地阅读一本书时，他们能记得书中所有角色和作者的名字。可一旦读完，如果有人向他们询问书中的有关内容，他们能想起的寥寥无几。许多人甚至会重读多年前读过的书，却不知自己已经读过。这种情况时有发生。

从根本上来说，这种下意识的思维是在刺激人的大脑为最终完成任务制订计划。这种思维活动的目的是为了帮助我们。早在文字出现之前，这种下意识的思维就已经使人类记得在白天捡拾干木柴，以供夜晚生火之用。然而，在科技迅猛发展的现代社会，大脑中这个有些过时的"软件"有时却会成为我们成功道路上的阻碍。待办事项清单上的未完成事项越多，我们的思维就越混乱。即使在处理其他事项时，我们的大脑还在

> 不重要的事做得再好也是徒劳的，没有什么比这更浪费时间了。

February · Time Management
2月·时间管理

下意识地试图完成第37、38、39事项，甚至更多的未完成事项。

为解放大脑，使其专注于更重要的事项，我们应该将几乎所有的事项都放在禁止事项清单上。

### ◆ 沃伦·巴菲特的能力圈 ◆

住在奥马哈的沃伦·巴菲特是如何一跃成为全球首富的呢？答案是两个字——从简。

巴菲特很早就从他的老师那里学会了两条基本的投资准则：

1. 永不亏本。
2. 永远别忘了第一条。

在美国HBO电视网制作的电视纪录片《成为沃伦·巴菲特》（*Becoming Warren Buffett*）中，巴菲特揭示了他的成功秘诀。

史上最伟大的棒球手泰德·威廉姆斯（Ted Williams）曾经写过一本书，书名是《击球的科学》（*Science of Hitting*）。在书中，威廉姆斯将他的击打区划分为77个方格。如果等球飞到最佳击打位置再出手，他的击中率就可以达到0.400，而如果挥棒去击打落到较低边角区域的球，他的击中率就只有0.235。在商业投资领域，并没有裁判来裁定好球和坏球；从本质上来说，股票市场并没有所谓的"好球区域"，而这正是我一展身手的最佳领域。

我会查看上千家公司的股票（把股票市场想象成一个棒球场），但我不会一一出手，甚至最终挑中的只有不到50家公司的股票。我要等

## THE FOCUS PROJECT: THE NOT SO SIMPLE ART OF DOING LESS
**思考断舍离：** 如何依靠精准努力来达成目标

到最想要的那颗球出现才出手。投资的诀窍是，在大部分时间里，你看着球一个个飞过，等待那颗飞到你的最佳击球位置的球。如果旁人冲你喊"挥棒啊，白痴"，你无视就好了。随着时间的推移，你会形成属于自己的筛选方法和能力圈。我只待在自己的能力圈内，从不去操心能力圈外的事。明白自己的底线和优势是非常重要的。

20世纪90年代末，当互联网经济迅速崛起之时，许多人虽然没有冲巴菲特高喊"挥棒啊，白痴"，但都怂恿他去投资技术股。但是，巴菲特心里清楚，技术股在他的能力圈之外，他在这一领域并没有优势。当互联网泡沫破裂之时，巴菲特的伯克希尔·哈撒韦（Berkshire Hathaway）公司毫发无伤，远远领跑股票市场，这完全得益于巴菲特坚持等待属于自己的那颗好球。

有一次，比尔·盖茨邀请巴菲特到家中做客。不一会儿，盖茨的父亲就让巴菲特和儿子分别写下对自己的事业帮助最大的一个关键词。巴菲特描述了当时的场景：

比尔和我不约而同地写下了"专注"这个词。专注一直是我的性格中重要的一部分。如果对某件事感兴趣，我就会不遗余力地去了解它。如果对某个新事物有兴趣，我就想阅读大量相关资料，想与他人探讨，想结交相关人士。

我不清楚自家卧室或客厅的墙是什么颜色。我的大脑好像对物质世界比较迟钝，但对商业世界，我自认为还是比较了解的。

我喜欢静坐思考，虽然不一定有所成效，但很享受整个思考的过程。

巴菲特有一句名言:"我的投资哲学就是近乎懒惰地按兵不动。"从立业之初,他就明白,自己不可能百发百中,必然会犯错。所以,为提高投资的胜算,

> 人生之路,跬步千里,跨步难行。
>
> ——约翰·毕瑟维

他始终坚持以自己的能力为核心。用棒球术语来说,这就是只在最有把握的投资项目上全力击出全垒打,然后长期持有。巴菲特90%的财富来源于10项投资。而据巴菲特的私人飞行员迈克·弗林特(Mike Flint)观察,这也与他的禁止项目策略有关。

弗林特曾为四任美国总统开过飞机。当时,他正在和巴菲特讨论事业目标,巴菲特让他做一个小练习,认为这个练习可以帮助他实现不少伟大的目标。巴菲特很和蔼地让弗林特拿出纸笔,让他按照下面的指示去做。

步骤1:在一张纸上写下你的25个职业目标。
步骤2:圈出最重要的5个目标。
步骤3:将这5个和其余20个目标分别列在两份清单上。

于是,弗林特的面前就出现了两份清单,一份上面是最重要的5个目标,另一份是其余的20个目标。

巴菲特接着问他,打算如何处理清单上的项目。弗林特回答,他会立刻开始去完成最重要的5个项目。"那另一份清单呢?"巴菲特问。弗林特回应,其余20个项目对他来说依然重要,他会在时间允许的情况下抽空完成。

这么想也合理。虽然这些项目也是弗林特想要完成的,但它们毕竟没有被排进前五。那么,巴菲特如何回应呢?

"你错了,迈克。所有没被圈中的项目都应该被放进'不惜一切代价也要避免去做的清单'里。除非你已经完成了最重要的5个项目,否则永远不要在这些项目上分心。"

归结起来就是:你宁愿一直背负20个只完成一半的项目,还是完成5个最重要的项目?

这句话也提醒了我,因为这是我要开始专注计划的原因。我总是试图什么都做,结果什么都做不好。

## ◆ 杰夫·贝索斯的"两个比萨原则" ◆

无论是在企业、医院、非营利组织还是学校,没有重点的会议都会降低团队效率。而据估计,全美所有的公司加起来,每天要开1100万次会议。

杰夫·贝索斯认为,开会时只要有一个人的情绪不对,就会"耗光整间屋子里所有人的能量"。为避免让会议浪费我们的精力与时间,贝索斯提出了"两个比萨原则",坚持这一原则,使他安排的会议颇有成效。虽然含有"比萨"二字,但这一原则实际上与真正的比萨无关。"两个比萨原则"是指,如果两个比萨无法令参加会议的人都吃饱,那就说明会议人数过多,而贝索斯是不会安排或参加此类会议的。从根本上来说,会议人数越多,会议效率骤降的概率就越高。从现在开始,减少下一场会议的人数吧。"两个比萨原则"就是一个不错的参照标准。

> 关键是要学会如何掌控日子,而不是让日子来折磨你。

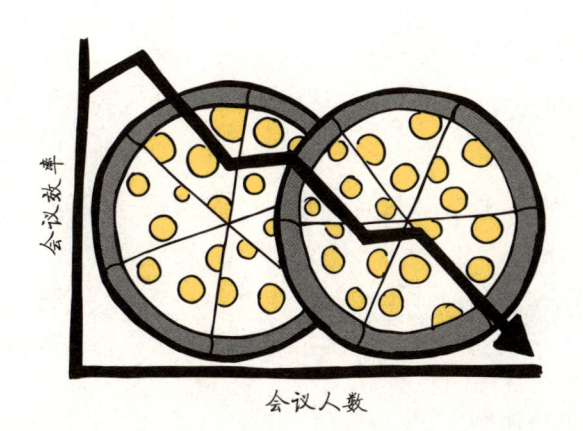

February · Time Management
2月·时间管理

*(图表：纵轴为"会议效率"，横轴为"会议人数"，曲线下降)*

### ◆ 杂物堆放处 ◆

在每个人的家里都有一个杂物堆放处，那里堆积着我们不打算扔却又不知该如何处理的各种物品。我的杂物堆放处就是主卧室的壁橱，我的杂物都堆放在那里。我父亲的杂物通常都堆放在他的躺椅旁边，数百本杂志及其他物品就像小山似的耸立在他的躺椅旁。

现在应该整理我的杂物堆放处了。我开始从里到外收拾壁橱，先从一个个装着纪念品的箱子入手。这项任务非常耗时，因为每件旧物都能勾起一段特殊的回忆。如果没有一套系统的方法，那么整理我的壁橱即使用不了几年，也得花好几个月。请记住，成功之人并非智力超群，他们只是做事比我们更有章法。所以，我意识到需要给自己定一套法则。最后，为处理掉纪念品，又保留回忆，我想出了一个办法，那就是问自己两个问题。

**旧物报废法则**

**1.** 在20年内，我还会需要这个东西吗？如果妻子无意间将其丢弃，我会怀念它吗？
2. 在40年内，如果我把它送给女儿们，她们想要吗？

在95%的情况下，对这两个问题的回答都是——不。

处置衣物的法则就更简单了。

## 衣物报废法则

1. 在过去11个月里没穿过，那就捐了吧。把它捐出去也许能帮到别人，赶快捐了吧。
2. 万圣节的时候用得上，那就留着吧。
3. 留着等特殊场合穿吗？大可不必。

说到第三条，我曾经有一条非常喜欢的白色短裤，因为怕弄脏，所以很少穿。我总想着在特殊场合穿它。结果，你猜如何？它的款式已经完全过时了。早穿就好了！

于是，我又有了一个座右铭：每天能穿多好就穿多好。而且，如果你有一件衬衫，你又喜欢，穿起来非常合身，那就放弃那些穿起来感觉一般的衬衫，果断穿这件。这类衣服才是我们应该多买的，将其他不常穿的衣服捐给慈善机构吧。

有条理的生活能对我们的身心健康产生积极影响。只要稍加整理，你的生活就会大大变样。一项研究结果表明，只要在整洁的环境中工作10分钟，等到

> 有时打造一个豪华的家，需要的不是添置家具，而是把不适当的家具移除。
> ——弗朗西斯·茹尔丹

吃零食的时间，人们选择苹果的概率就会比选择糖果的概率高出1倍，而那些一直在凌乱环境中工作的人更可能选择糖果。桌面杂乱就是思想杂乱的标志，当大脑感到混乱或有压力时，身体就会渴望借由食物的慰藉来缓解这种压力。

《人格与社会心理学公报》(*Personality and Social Psychology Bulletin*)的一项研究报告称，当处于一片狼藉的家中，面对一堆未完成的任务时，女性感受到的压抑和疲惫远高于男性。

《神经科学杂志》(*The Journal of Neuroscience*)指出，整理桌面这类小事，虽然简单，却能够极大地提升人们的工作表现和健康状况。

## ◆ 3分钟法则 ◆

不到3分钟就能完成清理工作？快去做！记住这句话对你绝对有益："不到3分钟，令你更轻松。"当然，有些人有自己的1分钟法则或2分钟法则。不过，对我而言，生活中能在这么短时间内完成的事情并不多。

有些事明明做起来用不了3分钟，我们却总是一拖再拖，而3分钟法则就能帮你解决这个问题。如果不做这些小事会如何呢？

1. 彻底遗忘。这件事被完全抛诸脑后，继而引发后续问题。例如：关闭水闸，防止水管被冻住；回复一封重要的邮件；发送一条简短的表示感谢的短信；把一张情人节贺卡放进邮箱。
2. 难以忘怀。这件事始终挥之不去，即使我们在处理其他事务，也总是惦记着它，徒耗心力。
3. 原本可以速战速决，结果一拖再拖，酿成大麻烦。例如，本来我只需花3分钟就能把院子里的杂草彻底除尽，结果我没有这样做，而是任由杂草一天天疯长，最后成了大麻烦。

> 从复杂中发现简洁，从不一致中发现和谐，在困难中蕴藏着机会。
> ——阿尔伯特·爱因斯坦

此外，许多人还会为子孙后代"存货"，他们保存的旧物件多是瓷器、桌椅、绘画作品等。可是，当我的祖父母搬去敬老院时，他们惊讶地发现家里人对他们留下的宝贝并没有多大的兴趣。

相反，我们想要的是与他们共同的回忆，那些纪念品、照片、传家宝。没人想要他们那堆与自己无关的杂物。所以，如果你一直在为某人留存什么物品，现在就去问他们想不想要。如果他们想要，现在就给他们；如果不想要，就立刻捐给慈善机构，或在车库里甩卖掉，或放在网上拍卖。

## 一些只需3分钟完成的小事

1. 把别人发来的一直想打印出来的照片打印出来。
2. 立刻把奶昔杯洗干净——等奶渍凝固，你就得花3倍的时间去清理了。
3. 把地上的衬衫捡起来。
4. 将定时器安在插座上，节约节假日彩灯的用电量。
5. 写好一封感谢邮件。
6. 在隐形眼镜或常用药到期之前，及时预订。
7. 给车库开门机装上新电池。
8. 将枫糖浆罐子外面的糖浆擦干净，清理掉罐口多余的糖浆，这样下次就好倒出来了。
9. 从邮件列表中取消订阅部分邮件；反正有需要的话，你还可以重新订阅（你不会的）。
10. 换灯泡。

在运用3分钟法则时，需要注意一点，能用3分钟完成的事数不胜数！所以，你需要结合一些省时技巧来运用这一法则，同时严格按照计划进行。

3分钟法则行之有效，也是我最喜欢的。

在每天的日程表中，我有21分钟是留给自己实践3分钟法则的。也就是说，在这21分钟内，我只做那些用时不到3分钟的事。

戴维·艾伦（David Allen）有一本畅销书，名为《搞定——无压工作的艺术》(*Getting Things Done*)，他在书中建议我们运用3分钟法则来实现目标，培养习惯。开始一个新习惯应该用不了3分钟。但是，我们能在3分钟之内实现所有目标吗？显然不能。但是，我们可以在3分钟之内开始向目标迈进。这正是这条法则背后的深意。领导们都深知，与其准备再三，不如即刻行动。

在宏伟的人生目标面前，这一方法看似有些无足轻重，我对此无法苟同。实际上，此法适用于一切目标，因为它是物理学原理在生活中的体现。

## ◆ 现实生活中的物理学 ◆

艾萨克·牛顿爵士告诉我们，静止的物体趋向于静止，运动的物体趋向于运动。下落的苹果如此，我们人类也如此，一旦开始行动，

THE FOCUS PROJECT: THE NOT SO SIMPLE ART OF DOING LESS
**思考断舍离：**如何依靠精准努力来达成目标

> 专注和简单，一直是我的秘诀之一。简单比复杂更难做到，因为你必须努力让你的思想清晰，才能做到简单。这是值得的，因为一旦做到了专注和简单，你就拥有了排山倒海的力量。
>
> ——史蒂夫·乔布斯

就会趋向于一直行动下去。

因为有惯性的作用，所以3分钟法则既适用于小目标，也适用于大目标。一旦克服了开始时的阻力，继续下去就会容易得多。我之所以喜爱3分钟法则，是因为它传递了一种理念：只要我们开始去做，就会收获好的结果。

你想成为优秀的作家吗？从每天写一句话开始，你会发现自己常常不知不觉就写了一小时。

你想要健康饮食吗？从每天吃一口胡萝卜开始，你会发现自己突发灵感，做出了一盘营养莎拉。

你想养成读书的习惯吗？准备一本新书，坚持看完第一页，等回过神来你才发现前三章已经读完了。

### 洗车实验

**好的开始是成功的一半。**

正如我们在1月计划中提到的那样，无论是组织、社会还是个人，首要任务之一都是自我提升。我的父母常说，人生如逆水行舟，不进则退。看到自己进步，能激励我们继续前进，这正是整理杂物能使人心情愉悦的主要原因。近藤麻理惠（Marie Kondo）有一本畅销书，书名就叫《怦然心动的人生整理魔法》(*The Life Changing Magic of Tidying Up*)。当把毛巾挂在浴室的架子上，或整理好抽屉时，我们就能看到自己微小的进步。

2006年，约瑟夫·努内斯（Joseph Nunes）和沙维·德雷兹（Xavier Dreze）进行了一项实验，研究进度对最终结果的影响。这项研究被称为"洗车研究"。

研究人员准备了两种积分卡，一半顾客得到了1号积分卡，另一半得到了2号积分卡。这两种卡都需要顾客再洗8次车才能享受一次免费洗车服务。每洗车一次，店员就在积分卡上盖一枚图章。

1号积分卡上面是8个空白圆圈，而2号积分卡上有10个圆圈，但其中有两个已经被盖上章了。

也就是说，无论是持有1号还是2号积分卡，都需要再洗8次车才能免费洗车一次。

那么，问题来了，人们对这两种卡的反应会有不同吗？

是的，结果的确不同。在拿1号卡的人中，有19%为享受优惠而去洗过8次车。在拿2号卡的人中，去洗过8次车的竟占34%，几乎是前者的2倍！

第二组被称为"进度领先"组。虽然第二组需要去洗车的次数相同（都是8次），但"进度领先"组的人觉得自己已经有了进展（已经得到两枚"免费"图章），因此离达到免费洗车的目标更近了一些。

正如努内斯和德雷兹所料，看得见的进展可以激励人们坚持下去。我们曾经多少次重新开始节食，却并未看到立竿见影的效果。如果从一开始就能看到一点点成效的话，我们坚持下去的概率就会大得多。

这项研究也使我想起在剑桥生活工作的一段经历，那时哈佛大学

THE FOCUS PROJECT: THE NOT SO SIMPLE ART OF DOING LESS
**思考断舍离：**如何依靠精准努力来达成目标

> 给我看看你的日程表，我来告诉你如何优先排序。

和麻省理工学院联手创建了edX[①]项目，我有幸参与其中。我们也发现了一个类似现象。在edx.org网站上参加网络课程的学生们，如果在前几周就看到了学习成效，他们坚持上课的概率就会更高。但是，如果到第三周还未见成效，那么学生的退课率就会显著增加。因此，授课教师都在适当的情况下，设法让学生在最初几周就看到成效。通过让学生在最初阶段看到自身的进步，哈佛大学和麻省理工学院成功留住了更多上网课的学生，而且这些学生最终都学完了全部课程。

所以，无论要朝什么目标去努力，我们都应该尽早看到成效。

### ◆ 一个空抽屉 ◆

我看见女儿的蜡笔被扔在桌上，于是走过去想把它们放回原来所在的抽屉中。结果，我发现那个抽屉被塞得满满的，根本拉不开。于是，我拉着抽屉拉手左右晃了晃，又伸手进去动了动卡住的东西，才成功拉开了抽屉。紧接着，抽屉里面就滚出几个物品来。收拾好这堆东西后，我拉开了旁边的抽屉，竟发现里面空空如也。这真是"荣枯咫尺异"啊！

于是，我将那些蜡笔放进了空着的抽屉。女儿一进门就不可置信地瞪着我。

---

① edX是麻省理工学院和哈佛大学在2012年4月联手创建的大规模开放在线课堂平台，是免费给大众提供大学水平教育的在线课堂。——译者注

February · Time Management
2月·时间管理

凯蒂娅（Katia）：爸爸！你怎么能把蜡笔放进那个抽屉里呢！

（顺便说一下，能从孩子的口中听出爱人的语气可真奇妙！）

我：呃，我怎么就不能放呢？

凯蒂娅：那是妈妈的抽屉，什么都不能放的。

我：可这里面是空的啊，什么都没有，为什么不能放？

（说着，我把装蜡笔的盒子也放了进去。）

凯蒂娅：好吧，爸爸，别怪我没警告你。你有大麻烦啦！

事实证明，凯蒂娅的警告不是没有道理的。我确实因为用了这个金贵的抽屉而惹上了麻烦。

要不是正在进行这项专注计划，我可能已经把妻子送去精神病院了。此时，我们反倒能坐下来促膝长谈。在她看来，厨房里至少应该保留一个空抽屉，意味着她并没有不断往厨房里添置无用的物品，而且说明她对自己的生活很有节制。空抽屉对她来说具有象征意义。因为正在深入研究精简生活的力量，所以我能理解她的意思（如果不是这样的话，那就是我俩都疯了）。不过，妻子也做出了让步，她将空抽屉从最大的换成了最小的那一个。

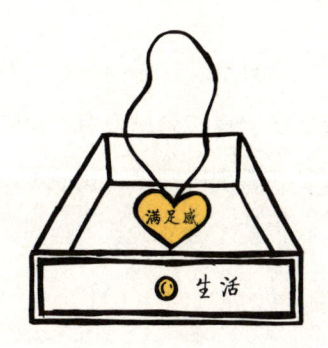

THE FOCUS PROJECT: THE NOT SO SIMPLE ART OF DOING LESS
思考断舍离：如何依靠精准努力来达成目标

> 至繁归于至简。
> ——列奥那多·达芬奇

在整理生活用品的这个月，我还读到了一个有趣的故事。有一位聪明的印第安人首领指导部落的勇士射箭。他把一只木质的假鸟放在树上，然后让他们瞄准鸟嘴。接着，首领让第一位勇士描述自己看到的情景。这位勇士回答："我看到了树枝、远山、树叶、天空、那只鸟、它的羽毛，还有鸟嘴。"于是，首领让这位勇士再等一等，便转向第二位勇士，提出了同样的问题。第二位勇士回答："我看到了鸟嘴。"首领说："很好，你可以射箭了。"一支箭"嗖"的一声笔直飞了出去，正中鸟嘴。就像这位勇士一样，除非保持专注，否则我们永远无法实现目标。

◆ **本章小结** ◆

### 本月大事

成功人士会留出时间整理自己的物品、思想和日程安排。

### 本月得分：*B+*

我高兴地看到自己在这个月取得了进步，完成了不少待办事项。然而，尽管已经倾尽全力，但我知道在专注生活方面，我要做的还有很多，在管理时间上，我还可以做得更好。总的来说，这个月表现不错，我将其评定为B+。

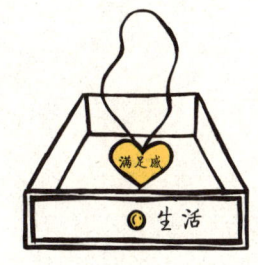

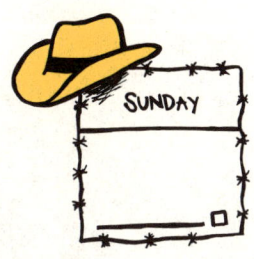

February • Time Management
2月・时间管理

## 关键要点

1. 像牛仔一样安排你的日程——用分隔栏隔开待办事务,留下大片空白区域。
2. 制订禁止事项清单。
3. 3分钟原则:如果一件事花不了3分钟,那就去做吧!
4. 富人和成功人士并非智力超群或有更多的闲暇时间——他们只是有更高效的办事方法和流程。
5. 不要一心多用,专注自己的能力圈。
6. 在家里留一个空抽屉,在生活里"留白"完全没有问题,甚至是有益的。

外出钓鱼

MAR 3月

家庭 + 朋友

Family + Friends

THE FOCUS PROJECT: THE NOT SO SIMPLE ART OF DOING LESS
思考断舍离：如何依靠精准努力来达成目标

1930年，世界著名经济学家约翰·梅纳德·凯恩斯（John Maynard Keynes）开始起草一篇论文，他当时并不知道这篇文章将引起轩然大波，甚至在近百年之后依然能挑起舌战。

作为经济学巨擘的凯恩斯，其才华自然毋庸置疑，但他的《我们孙辈的经济可能性》(*Economic Possibilities For Our Grandchildren*) 一文，直至今日仍饱受争议，因为事实证明他在此文中的观点大错特错。凯恩斯在文中预测，得益于技术的进步，他们的孙辈在成年之后，每周只需工作约15小时。

凯恩斯究竟错得有多么离谱呢？他根本无儿无女，更遑论孙辈了。不过，他的妹妹有孙辈，尼古拉斯·汉弗莱（Nicholas Humphrey）教授就是其中一位。汉弗莱估计，他每天工作近15小时，每周工作时间高达75小时——远超凯恩斯提出的每周15小时。凯恩斯另一个妹妹的孙女苏珊娜·伯恩（Susannah Burn）是一位自主经营的心理治疗师，她估算自己每周工作约50小时，而且很难有休息时间。

大多数人与尼古拉斯和苏珊娜的情况相似。长时间的工作已经成为很普遍的现象，以至于像"永远都在工作中"这样的话题总能登上社交媒体的热搜榜。美国的全职工人每周平均工作47小时，比10年前多出一个半小时。同样不容乐观的是，近四成打工者每周工作超过50小时。

工作时间的延长往往会挤占一个人陪伴家人的时间。上个月，我学会了像牛仔一样制订日程表。而这个月的顿悟时刻，是我突然意识到自己不仅需要像牛仔一样安排自己的职业生活，也需要像牛仔一样安排自己的私人生活。博客作者蒂姆·厄本（Tim Urban）统计，我们与家人共度的时光，有80%是在18岁之前。这令我猛然想到我能陪伴女儿们的时光就是现在。

March · Family + Friends
3月·家庭+朋友

如果不把陪伴家人与所爱之人的黄金时光置于首位，那我们就永远无法抽出时间陪伴他们了。仅仅摆出想与家人朋友共度更多欢乐时光的姿态是不够的，我们必须将此列为必做事项，并适当地保证它的优先权。具体来说，就是当我们表示"我必须为家人留出时间"时，我们的意思就是必须坚决保留与所爱之人共享的时光。

## ◆ 52夜规则 ◆

当我登上飞机时，双手一直在颤抖。空姐询问我是否无恙，而我只想冲她大喊："不！我现在一点都不好！我只想赶紧坐下来……机场的安检机都能坏，还修了3小时……简直荒谬！……哪个机场是这样运营的？……就因为这个，我错过了前面两趟航班！……肯定没法准时上台演讲了！"当然，这些话我并没有喊出来，它们只是像一个破坏球一样，把我的脑子砸得一团乱。

我确实感觉自己可能会崩溃——这对我也算新体验了。上大学时，我经历过教练汤姆·伊佐（Tom Izzo）前无古人的魔鬼训练，那时我都挺过来了，如今怎么会被击垮呢？

可事实就是这样，我已经毫无招架之力了。"能给我点水吗？"我哑着嗓子说了一句。听得出来，我说话时有点破音，还带着几分颤抖——我的嗓子哑了。我确实崩溃了。

坐到座位上时，我的身子还在颤抖，脑子里也一片混乱。事实证明，虽然我的"超级英雄"称号早已名声在外，但我并非无坚不摧。

我曾在成千上万人面前演讲，虽然我也曾将压力、紧张和飙升的肾上腺素当作催化出最佳表现的工具，但从未被推到精神崩溃的边缘——直到此刻。

THE FOCUS PROJECT: THE NOT SO SIMPLE ART OF DOING LESS
**思考断舍离：** 如何依靠精准努力来达成目标

在5周之内，为一家名列《财富》世界500强的企业奔赴24个城市，举行巡回签售和演讲，这趟行程积蓄的负面影响正在逐渐显现。当时正值节假日，我的两个女儿在家中无人照顾，我们的动画公司刚刚起步。此外，新书出版的最后期限日益临近。总之，这恐怕是我最自不量力的一次经历了。你也有过类似经历吗？

我崩溃了。

然而，我意识到现在不是崩溃的时候，这不正是我破局的良机吗？我究竟是如何过上这种超负荷的生活的？如何避免再次出现这种情况呢？

> 男人永远不该为事业而忽视家庭。
> ——沃特·迪士尼

我苦思冥想，提出了52夜规则，并将其作为我的首要KPI（关键绩效指标）。从短期来看，这可能影响我的收入，使公司收入减少。但是，从长期来看，它绝对是有百利而无一害的，不仅能提高收入，还能带来满足感。今天失去一块阵地，是以退为进，以在未来赢下整场战争。

规则：每年最多52个夜晚不陪家人，不惜一切代价保护最重要的东西。

我希望各位能吸取我的前车之鉴，在人生中设置护栏，保护好最重要的东西。你有类似52夜规则这样的原则吗？

◆ **做你想做的，而不是做你认为自己应该做的** ◆

为避免在迪士尼乐园排长队，我们费尽九牛二虎之力，得到了三张快速通行卡。这些通行卡就像威力·旺卡的金奖券，能为你节省2~3小时的排队时间。

当时，我们就剩最后一张快速通行卡了，于是查了查各个骑乘项目的等候时间。

"丛林巡航"需要等70分钟，而"农场云霄飞车"和"旋转蜂蜜罐"都只需等10分钟。相比"丛林巡航"，我的女儿们更喜欢后面两项。我和妻子内心有点矛盾。不去玩等待时间最长的项目，似乎就是浪费了最后一张快速通行卡。当我问孩子们时，她们响亮地回答："农场云霄飞车！"

孩子往往会比大人做出更好的决定，这的确引人深思。其他游客特别喜爱"丛林巡航"，不惜为此等待70分钟，这并不重要，因为它不是我的女儿们喜欢的。即使需要等待的时间相同，她们还是会选择"农场云霄飞车"，而不是"丛林巡航"。而且，"农场云霄飞车"的等候时间只有"丛林巡航"的七分之一。这个决定本来再简单不过了，是我们做父母的把它弄复杂了。要不是问了孩子，我们可能就做出错误的决定了。

保持专注的一个关键，是只做自己真正想做的事，而不是自己认为应该做的，或他人正在做的，或他人重视的事。要做到这一点并不容易，因为我们面对的往往是父母、兄弟、导师或其他我们敬重的人。对于"变色龙"型性格的人来说，这一点尤其难以做到。但是，我们必须提醒自己，真正重要的是我们自己珍视的、能带给我们快乐的事。

> 如果你无法延长生命的长度，那就拓展生命的宽度。
> ——意大利谚语

THE FOCUS PROJECT: THE NOT SO SIMPLE ART OF DOING LESS
**思考断舍离：** 如何依靠精准努力来达成目标

## ◆ 史蒂夫·乔布斯的遗言 ◆

亿万富翁史蒂夫·乔布斯在56岁时与世长辞。据其亲属透露，他弥留之际说的最后的话是"噢，哦，噢，哦，噢，哦"（"Oh, wow. Oh, wow. Oh, wow"）。我认为，他在最后的时光中写下那篇遗言的可能性不大，但世人对此争论不休。不过，我们可以确定的是，乔布斯常常为事业而牺牲家庭。他甚至一度否认自己是女儿丽萨（Lisa）的合法父亲。原本就是在收养家庭中长大的他，却屡屡做出许多令人大跌眼镜的事。

以下这篇文章，据说是乔布斯在生前最后的时光中写成的。虽然真实性有待考证，但其见解深刻却是毋庸置疑的。

我曾在商界叱咤风云。在他人眼中，我就是成功的典范。然而，在工作之外，我鲜有乐趣可言。最终，富有的生活也变得索然无味。此时此刻，躺在病榻之上，回顾一生，我才幡然醒悟，那些我曾深以为傲的名誉与财富，在死亡面前无不黯然失色，意义全无。

你可以雇人为你开车，雇人为你赚钱，却无法雇人替你分担病痛。千金散尽还复来，但有一样东西一旦失去将永不再来，那就是生命。无论你身处哪一方舞台，终将面对落幕的一天。

珍爱你的家人，珍爱你的伴侣，珍爱你的朋友。善待自己，珍惜他人。希望我们随岁月增长的不只是年龄，还有心智，我们会意识到无论是价值3000元的表还是30元的表，显示的时间都是一样的。无论你坐的是头等舱还是经济舱，如果飞机失事，你都无法幸免。

因此，希望你能明白，如果你的身旁还有伙伴、朋友、兄弟姐妹相伴，如果你还能与他们一起欢声笑语、天南地北地闲聊，那才是真

March · Family + Friends
3月·家庭+朋友

正的幸福。不要教导孩子追求财富，教导他们追求快乐。等待他们长大，他们了解的就是事物的价值，而非价格。

把饭当药吃，否则，你将把药当饭吃。

爱你的人不会因他人离你而去，即使有一百个离开的理由，他也会再找出一个理由来坚持爱你。做人与为人之间有很大的不同，只有少数人能理解。你呱呱坠地时有人爱你，你撒手西去时也有人爱你，而人生在世，你得好好经营。

世界上最好的六位良医是阳光、休息、运动、健康的饮食、自信和朋友。请在人生各个阶段好好维系它们，享受健康生活。

## ◆ 你在追捕田鼠还是羚羊？ ◆

如果被狮子凌厉的金色眼睛盯住，你保准会屏息凝神。从狮子身上，我们也能了解专注的重要性。狮子拥有强健的体魄、敏捷的身手，捕食田鼠根本不在话下。然而，对狮子而言，一只田鼠所能提供的热量不及为追捕它消耗的热量多，所以放弃田鼠而一心追捕羚羊才是上策。相比田鼠，虽然羚羊更难捕捉，但它能为狮子甚至整个狮群提供充足的能量。狮子无法靠捕食田鼠为生，却能靠捕食羚羊获得幸福和长寿。

对我们来说，一些简单的小任务（例如，清理邮箱）总是比较诱人的，但这就是人类版的"追田鼠行为"。从短期来看，这些行为会让我们觉得自己的付出是值得的。但是，长此以往，我们会逐渐萎靡至死。一只整日捕食田鼠的狮子会慢慢饿死。

如前所述，虽然我们需要通过微行为来逐步实现目标，但前提是确保这些行为的最终导向是正确的，最终目标是羚羊，而非田鼠。我们应该追求的是那些真正给我们带来成就感的事物,而不是虚耗心神的简单目标。

我们这个月的目标就是忽略田鼠,专门捕捉羚羊。首先,我们必须做到坚定地说"不"。

### ◆ 最好的生产力工具就是说"不" ◆

在我们的观念中,总认为自己无所不能。虽然这是一种积极的生活态度,但它并不现实。或者说,即使我们能做到无所不能,也不可能同时做到。

"今天我去上班之后,你能帮我遛狗吗?"好的。

"下午三点半去学校接萨拉好吗?"没问题。

"你能替我去开会吗?"当然。

"我为今晚的家访老师订了饼干,你能去拿一下吗?"这就去。

这些不断的、下意识的肯定答复,就像在"自掘坟墓",给自己平添压力或事端,或两者兼而有之。

史蒂夫·乔布斯有一句名言:"要专注,多说'不'。"可是,知易行难,大多数人不擅长拒绝。为避免尴尬的情形发生,我们常常做出违心之举。

回想一下,你最近一次不愉快的就餐经历是怎样的。当服务员过来询问你的用餐体验时,你会怎样回答?"不怎么样。我们入座时,桌子还没收拾干净。餐具也不全,等你们把叉子拿来时,我盘里的鸡蛋都已经凉了。还有,我礼貌地请你们帮我加咖啡时,也没人搭理我。"你会这样回答吗?我猜你压根儿就没提这些,反而回答:"很好,谢谢。"多数讨好型人格的人都会极力避免冲突。而且,最重要的是,我们自己可以从中屡屡受益。

这样做唯独有一个不足。不会说"不"正是我们无法专注于最重要事物的罪魁祸首。道理很简单：少应承一些事=有更多时间做真正重要的事。成功人士与非常成功人士的区别在于，后者几乎对所有事情都说"不"。不善于拒绝别人就是在伤害自己，所以你要学会说"不"。

像多数人一样，我也属于讨好型人格，而且像多数同类一样，我发现自己很难拒绝别人。拒绝往往会令你失去一些人气，但得到尊重；如果一定要在两者中取舍，我就会选择尊重，所以我总在寻找能帮我说"不"的小妙招。

下文将介绍6种拒绝他人的小技巧，其中有一种我屡试不爽，那就是把自己的时间当成一样商品。具体来说，就是把他人的请求当作在线订单。一旦某种商品的库存告急，就没得卖了。抱歉，此商品已售罄！在此例中，这件商品就是我的时间，更确切地说，就是我对任何新请求说"好"的能力。抱歉，"好"已售罄，现在货架上只剩"不"了。其实，这就是一个典型的供求问题，我们必须开始这样对待它。

你不要再说"我会再联系你"，拖延回复只会增加对方的期待，导致对方的更大的失望。

## 5种说"不"的方式

1. **直说。** 不用深思细想，大胆地对你的朋友或同事说"不"。出于礼貌，简短解释一下原因即可，无须多言，你不欠任何人详细的解释，只需坦诚相告："抱歉，我目前事太多了。"

2. **给出一个你认为方便的其他方案。** 例如："今天不行，我明天正好去那边，我们可以见面喝杯咖啡。"

3. **提前想好拒绝话术。** 查看你的日程表，看看这周需要完成哪些工作。如果日程满满，就提前想好拒绝他人的言辞。我最常用的是"我得潜心写书，恐怕不行"。

4. **不妨自私一些。** 这是你的日程表，不是别人的。如果你要应承所有人的请求，把自己该做的事放在一边，就永远无法实现你的目标。

5. **从小事做起。** 这一周，可以先对两件不起眼的小事说"不"。

开始要做到这些并不容易，但正如运动健身一样，只要勤加练习就会收到成效。

经济学家蒂姆·哈福德（Tim Harford）说过："每当我们答应别人的一个请求，就是拒绝了用那段时间可以完成的一切其他事情。"想到这里，你还想替同事加班，错过女儿学校的音乐剧演出吗？历史上最伟大的冰球运动员韦恩·格雷茨基（Wayne Gretzky）的专注非常出名，他有一句名言："我总是溜向冰球将要到达的点，而不是它现在所在的位置。"

随着时间的推移，我们会变得越来越善于选择，从对一切好的事情来者不拒到只选择特别好的事物。在决定接受还是拒绝时，我们一定会考虑自己对这件事的兴奋程度。在判断你对某一请求的反应时，可以使用德雷克·西弗斯（Derek Sivers）的"当然好或当然不"法则。如果某个提议没有令你产生"哇，听起来棒极了，我愿意这么做"的想法，那就果断拒绝。如果没有坚定拒绝，就没有欣然接受。

## ◆ 像外科医生一样说"不" ◆

要实现目标，就必须能够礼貌而坚定地拒绝他人。虽然我们应始终秉持助人为乐的信条，但不需要也不可能帮到所有人，必须量力而行。

我们可以借鉴外科医生的做法。许多外科医生热爱医疗实践的原因在于，他们可以治愈患者，帮助他人。对他们来说，拒绝患者很难，因为他们面对的往往是生死攸关的局面。但是，我们不可能指望顶尖的外科医生能救治所有的患者。

> 任何有智力的笨蛋都可以把事情搞得更大、更复杂、更激烈。而让事情向相反的方向发展，则需要一点天分，以及很大的勇气。
> ——E. F. 舒马赫

研究结果表明，在疲劳情况下，外科医生可能犯下致命的错误。《美国医学会杂志》（Journal of the American Medical Association）上的一项研究结果表明，睡眠不足的外科医生所负责的患者出现并发症的概率会增加83%。所以，为防止这一情况，法律明确限定了外科医生的手术时间。

因此，医生并非每晚随叫随到。可是，我们之中的许多人不分昼夜，时刻待命。这样下去是行不通的，我们应该借鉴外科医生的做法。你不要背负拯救所有人的重担，相反要给自己留出一些时间，坚持将日常事务和紧急情况区分开来。要记住，你毕竟是血肉之躯，而

THE FOCUS PROJECT: THE NOT SO SIMPLE ART OF DOING LESS
**思考断舍离：** 如何依靠精准努力来达成目标

非人形机器。我们不能创造出更多时间，但可以增加做热爱之事的时间。

顶级畅销书作家赛斯·高汀（Seth Godin），对于那些不请自来的请求或邮件，有一个非常简单又不失礼数的回复方法。例如，他会接到下面这样的信。

你好，赛斯！

我的朋友凯莉·克拉默是圆橙公司的首席执行官，我认为你们可以找个机会认识一下，相信对双方都有好处，所以特发此信引见。

祝好，特里

赛斯对这类引见信的回复很简单。

你好，凯莉，

很高兴收到你的来信。由于手头项目的原因，我暂不打算：

1. 投资公司。
2. 推广产品或服务。
3. 出席会议。

如有其他需求，请告知。

赛斯

我在Travelzoo公司担任市场营销主管时，也采用过类似方法。当时，我想让团队成员意识到邮件只能算作一种流量，而非产量，所以并不十分重要。

为证明我的观点，我选择去度假，并把我的"不在办公室"自动

March · Family + Friends
3月·家庭+朋友

回复设置为：

感谢来信。很抱歉通知您，邮箱服务器暂时已满。若您确有要事须告知，请于10月10日重新发送邮件，届时我们将完成服务器容量的扩展工作。

10月10日，度假归来，我发现收件箱中有1420封邮件。我一口气全部清空，结果没有产生任何不良后果——我没有被解雇，也没有遗漏任何重大事项。只有8个人认为自己的邮件十分重要，又重新发送了一遍。这就是流量工作或"伪工作"的无意义性。在通常情况下，我们投入的一半时间并没有给企业带来任何有形的产出。1970年，诺贝尔奖得主赫尔伯特·西蒙（Herbet Simon）就曾告诫人们警惕即将到来的信息时代："丰富的信息将导致注意力缺失。"

作家吉姆·科林斯（Jim Collins）的著作销量已破千万册，在其最著名的《从优秀到卓越》（*Good to Great*）一书中，他分析了伪工作的陷阱和对人们的吸引力。为避免这种做无用功的情况，科林斯用电子表格记录自己每天的活动，主要目的是确保每12个月中自己用于创造性思考的时间不少于1000小时。

我们从未失去选择每天所做之事的能力，只是有时忘了自己具备这种能力。

### ◆ 谁是你的优先选项？ ◆

你是否常常发现，自己回复所有工作信息的时间比预想的多一两个小时？如果这种情况时有发生，你很可能是在敷衍家人。北点事工

THE FOCUS PROJECT: THE NOT SO SIMPLE ART OF DOING LESS
**思考断舍离：** 如何依靠精准努力来达成目标

（North Point Ministries）的高级牧师安迪·史丹利（Andy Stanley）对此的建议是，请家人坐下来，然后看着他们的眼睛，对他们说：

我想向你们道歉，未来一周，我每天晚上都会晚回来几个小时，因为我要优先处理陌生人的邮件、电话留言、短信和推特信息。我虽然不知道具体信息是什么，但当我收到这些信息时，要优先处理好它们，再回来陪你们。总之，我的意思就是，对我而言，回复那些信息比你们更重要。

这听起来很可笑吗？当然可笑。我猜正在看这本书的读者，没人会与家人坐下来进行这样一番对话。然而，每当我们做出这种行为时，这正是我们传递给所爱之人的信息。事实胜于雄辩。

我们甚至对自己也是如此，我们的所作所为常常在践踏自己的目标和理想。试试这个练习：把你的目标写在纸上，然后再把纸贴在镜子上。对镜子里的自己大声说出你的目标，再把你想对家人说的话重复一遍。只有在此时，你才是真正直面自己的目标。你的言行，其实都是在告诉自己，你的目标排在那些突发的奇思妙想、信息和未知的请求之后。这个练习看上去有点愚蠢，却是大多数人需要做的。因为我们常常将那些未收到的邮件、信息、请求、推特信息凌驾于自己热爱的事和人生目标之上。

底线：一味地接受所有人的请求，就等于拒绝了所有人。

要学会拒绝，就要勤加练习，练习得越多，拒绝他人后随之而来的亏欠感就越少，但这种感觉永远不会彻底消失。为缓解这种情绪，你可以提醒自己："今日的拒绝，是为日后能接受其他更重要的人的嘱托或做更重要的事。"简单来说就是：今天说"不"，明天才能说

March · Family + Friends
3月·家庭+朋友

"好"。反之，今天说"好"，就是对未来的某件事说"不"。请把你的"好"用在最值得的人或事上。

### ◆ 默认说"好" ◆

对我而言，我的"好"只有用在家人身上，才是最值得的。通过学会说"不"，我给我的家人积攒了更多说"好"的机会，从而能与他们共度更多重要的时刻。

> 若受制于琐事，则必定无法成就大事。

奇怪的是，在开始这项计划之前，我对家人始终是默认说"不"的。大家的默认拒绝对象有可能是家人、朋友、慈善活动、教会工作、独享时间或其他事物。我们很容易落入对身边的人说"不"的陷阱之中。我们理所当然地认为他们可以等，却认为重要的动画项目或新书手稿不能等。

至少在这个月里，我将默认对家人的一切请求说"好"。尤其是对我的女儿，我将尽力做到有求必应。

女儿：爸爸，我们可以在早餐时吃冰激凌吗？
我：　好！虽然我们不能每天早餐都吃，但在这个特殊的日子里，吃点冰激凌有何不可呢！

这些时刻都是日后的回忆。有一天，女儿会说："爸爸，还记得我们早餐吃冰激凌的时光吗？"

一场暴雨过后，孩子们问是否能骑滑板车从停车场的积水里蹚过，然后踏着路上的小水坑回家。我的脑子里自动跳出这样的话："当

THE FOCUS PROJECT: THE NOT SO SIMPLE ART OF DOING LESS
**思考断舍离：** 如何依靠精准努力来达成目标

然不行，那水多脏啊！"但是，我转念一想：玩水有什么不好呢？她们的短裤上明晃晃地印着"尽情玩闹"几个大字，只要一到家洗个澡就好了。用不了几个月，这些衣服她们就不能穿了，但这段回忆将被永远铭记。仅仅因为我不愿在水坑里蹦蹦跳跳，就要约束孩子们爱玩的天性吗？童年本就短暂，她们一眨眼就会变成大姑娘了。想到这里，我说："好！玩吧！"

次日一早，孩子们便兴冲冲地告诉妈妈，她们在水坑里蹦蹦跳跳，还骑了滑板车，别提多开心啦！她们还打电话把这件事告诉了爷爷奶奶。多么美好的一段回忆啊！我真高兴当时对她们说了"好"。

第二天，索菲亚问我："你想画画吗，爸爸？"她问的时候，我正在给一位重要客户写便条。要是在过去，我肯定会说："等一会儿，宝贝，让我先把这件事做完。"这种回应往往没有下文，或者索菲亚离开我去玩其他的。

这一次，当她让我陪她画画时，我毫不犹豫地说"好"，也就拒绝了其他所有的人和事。

起初，我觉得有些内疚，因为我根本不想画画。但是，我意识到，追随孩子们的兴致，而不是等我方便的时候再去陪伴她们，会使我自己再度成为一个孩子。索菲亚惊叹道："哇，爸爸，你太棒啦！你真是全世界最棒的画家！"相信我，我离毕加索还差十万八千里，但此时此刻，我作为一个父亲体会到的那种自豪感，是毕加索感受不到的。

最后，索菲亚脱口而出："哇，太有趣了，爸爸，谢谢你。"

在大部分时间里，我们必须默认说"不"，但在人生中，我们应该有一方净土，是默认说"好"的地方。正如格雷琴·鲁宾（Gretchen Rubin）及其他人所云："真理的反面是另一个真理。"

经常对女儿们说"好",还令我在拒绝她们时,能够更耐心地教导她们。过去,如果她们问我为什么不能做某些事时,我往往是直接甩下一句:"没有为什么,我说不行就不行!"无论是管理企业,还是教导子女,这种方法都欠妥。

在参观哈利·波特魔法世界时,孩子们爱上了黄油啤酒。可是,这种饮料含糖量很高——类似一种非常甜的奶油汽水。吃第一顿午餐时,她俩分着喝了一杯,第二次她俩就要求一人一杯。

"你们可以一人喝一杯,但我觉得喝完一杯会很腻。你们确定不要共喝一杯,而是一人一杯吗?"我问道。

"确定,爸爸。"她们异口同声地答道。

果不其然,刚喝了一半,她俩便面露难色。就像游乐场里的大部分商品"身价昂贵"一样,这种黄油啤酒也是"价格不菲"的。于是,妻子便严厉地告诫女儿们:"你们必须喝完,一滴也不能剩。"

可是,看着女儿们满脸快撑吐了的表情,再加上一会儿还要去玩过山车,我们夫妻俩还是决定把这两杯黄油啤酒当作沉没成本,忍痛舍弃。当然,我也不愿意接下来一直背着它们。

这正好给了我一个机会,给女儿们好好上一课。

我:　　你们瞧,还是点一杯分着喝比较好吧?虽然我和妈妈下面要说的话你们可能不爱听,但你们至少同意我们总是为你们好的吧?

女儿们:是的,爸爸。

我:　　那么,下次再遇到类似情形,我们就会说"忘了黄油啤酒",或者只是提醒一句"黄油啤酒",我们就会想起今天的情景,吸取今天的教训。你们明白吗?

THE FOCUS PROJECT: THE NOT SO SIMPLE ART OF DOING LESS
思考断舍离：如何依靠精准努力来达成目标

女儿们：明白了，爸爸。

后来，每当女儿们不断要求某些东西时，例如在客厅里玩更多的彩虹史莱姆泥或想吃完整罐能多益（Nutella）巧克力酱时，妻子和我就会用"黄油啤酒"来提醒她们。

## ◆ 真相时刻 ◆

92岁的祖母身体每况愈下，祖父一如既往地陪在她的身边。自从两人在高中邂逅之后，就一直相伴至今。我的祖母毕业于韦尔斯利大学，在女子很少跻身商界的时代，她就成为一名优秀的企业家。这在当时人眼中可以说是标新立异的了。祖母是一位聪明的女强人，耳朵里容不下任何闲言碎语。

她常对会面的人说："我希望能以更真实的面目来见你，但即使做不到，也比根本见不到你要好。"

在生命的最后几年，她患上了老年痴呆症。临终之时，这位独立一生的女强人甚至需要别人搀扶才能下床。说来奇怪，她的身体和心智的衰退是矛盾的，因为这种衰退令人猝不及防，又仿佛在情理之中。

虽然我们都清楚，她离开人世只不过是时间问题，可我们永远无法做好准备接到那通电话。当得知她正在接受临终关怀时，我的心突然一沉，不禁祷告起来。

可是，祷告的声音刚落，那些现实的想法便立即占据了我的大脑：如果她明天离世，我就能在周末坐飞机赶去参加葬礼。如果她还要弥留数日，我就去不了葬礼了，因为届时有几场演讲是无法取消的。这是我的又一个觉醒时刻。究竟什么样的人才会有这种想法呢？大多数人都是这样，这就是生活在快节奏的"超速时代"的代价。这个想法就像一记耳光狠狠扇在我的脸上。我的灵魂仿佛也在抓着我的肩膀质问："看看你都变成什么样子了！你必须专注真正重要的事！"没错，这提醒了我，专注其实很简单，就是优先处理人生中最重要的事。这提醒了我，我们连今天都无法保证，更何况是明天呢？所以，我们应该先把最重要的事做好。

葬礼结束后，我向妻子建议，以后多带孩子们到各地演讲和参加新书签售会——即使这样可能让她们落下功课。妻子完全赞同我的提议。

有一回，我在亚洲巡回演讲，带着索菲亚和凯蒂娅去了新加坡、越南和泰国。她们甚至看着我站在台上，为台下1.1万名观众演讲。后来，我们又带着女儿们去了葡萄牙、西班牙和法国。

与家人同行减轻了我的内疚感——事实上，能让女儿们拥有这些特殊的经历令我激动不已。虽然有时会有一些小麻烦（例如，第二天一早要登台，前一天晚上我却要整晚都抱着凯蒂娅），但只要能与她们同行，一切就都是值得的。

**觉醒时刻**：工作和生活难以平衡，那就努力让它们和谐共处吧。

## ◆ 头号老爸会做什么？ ◆

当找到参照物时，我就突然顿悟了。在外出差时，我也不能荒废每一刻。每晚回到酒店房间之后，如果看NBA比赛或百无聊赖地浏览社交媒体网站，那我就是在浪费时间。最终，这就意味着我陪伴妻子和孩子的时间更少了。这不是看一场NBA比赛的事，而是我在浪费未来陪伴家人的宝贵时间。我扪心自问："头号老爸会做这件事吗？"当

THE FOCUS PROJECT: THE NOT SO SIMPLE ART OF DOING LESS
**思考断舍离：** 如何依靠精准努力来达成目标

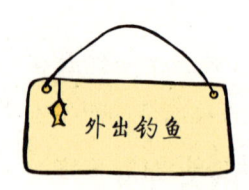

我意识到自己在观看失误搞笑视频时，我会停下来自问："这是头号老爸会做的事吗？"这种世界观也许有点滑稽，但对我是有效的。这句简短的自我提问时刻提醒我——一天很长，一年很短，要珍惜每一天。

当我想苛责他人时，我会先扪心自问。在鸡尾酒会上，我会婉拒最后一杯酒，以免第二天早上陪伴孩子时无精打采。当然，这种绝地武士的意志把戏并非总能奏效——有时，马提尼实在太好喝了，我总忍不住贪杯。但是，这种参照式提问法确实使我进步不少。希望这种方法对大家有所帮助：想想头号老妈会怎么做，还有头号好友、头号外婆、头号作家、头号钢琴家、头号儿子、头号姨妈、头号表弟、头号平面设计师等。

### ◆ 当我离去时，你将想念我 ◆

为备战铁人三项比赛，我开始练习游泳。根据以往的经验，在比赛时，要想不被别的选手踹脸或呛水，就必须在前200米全力冲刺。因此，我必须认真训练，不能有丝毫懈怠。

女儿们都是游泳健将，泳池又不宽，正好可以让她们与我一同训练。这样我在来回游的时候还能照看她们。

结果，我就光顾着照看她俩了。我在游的时候，她俩就潜在我的身下。因此，我不得不躲着她们乱蹬的腿，以防被踢到不想被踢到的部位。她们还抓着我的脚踝，试图让我停下来回答她们的问题，"为什么我的护目镜像两面镜子"或"小美人鱼能在水下憋气多久"。

在过去，这些干扰肯定会使我心烦意乱。我要喊：姑娘们，你们没看见我只有30分钟的练习时间吗？现在就离开我的泳道！

这一次，我改变了自己的关注点。我不再纠结于她们挡在我的泳道上，而是关注她们想在水下冲我挥手微笑，她们想和我一起游，想靠近我。我突然意识到，这些特别的时刻终将远去，而我会无比怀念它们。

我想起了安娜·肯德里克（Anna Kendrick）的一首歌：

> 当我离去时，
> 当我离去时，
> 你将想念我，当我离去时，
> 你将想念我的秀发，
> 你将想念我的一切，
> 你将想念我，当我离去时。

的确如此。

因此，我非但没有生气，反而享受当下的那一刻。专注于当下，去做个更称职的父亲，比为了提高几秒钟成绩而将女儿们赶出泳道要好一万倍。我还突然领悟到，人生正如一场游泳比赛，我们总想把其他人赶出我们所在的泳道。事实上，孤掌难鸣，我们要想成功就离不开其他人的帮助。我们必须接受的事实是：总会有人不断地在我们所在的泳道中游进游出。

关键是要认清，哪些人是在帮我们，哪些人是在拖我们的后腿。我们还要明白，一旦有人在拖你的后腿，你要可以随时变换泳道。

如果家人或同事试图将你卷进他们混乱的生活中，你只要在心里默念这句话："与自己爱的人在一起，做自己想做的事。"我们有更换泳道的能力，也有转变专注点的能力。

如果认为自己所在的泳道将既宽敞又没有干扰，那我们注定会失败。人生之旅中出现的冰山、风浪、漂浮物和障碍物都有其存在的意义。经过各种历练，我们才能变得更加优秀，而竞争者会被挡在我们的泳道之外。充实的人生从来就不是一帆风顺的。

我很高兴，女儿们还愿意在泳道里与我同游。

## ◆ 孩子们心中"爱"的写法 ◆

记住，孩子拼写"爱"的方式是——时间。在女儿们眼中，我出差的含义就是要外出工作两天。因此，她们不明白为何我在回家的第二天仍要走进办公室继续工作。她们这么想也没有错。如今，当我需要去城里"度假"时，往往不带行李箱。而在"居家度假"期间，我不会走进办公室，而且在特定时间内很难联系到我——就仿佛我真的在度假一样。

在"居家度假"期间，我会顺道去女儿们的学校，和她们一起吃午饭，或给她们的同学讲故事。由于我的身高接近2米，同学们总是起哄，大喊"跳啊跳啊"，让我去摸天花板。或者，他们从下往上审视我一番，然后说："哇，你年纪一定很大了。"

在生活中，总有数百种理由夺走我们陪伴至爱之人的时间。我们总是理所当然地舍弃所爱的人，去追逐下一个目标。通常来说，我们追逐的不是名，就是利。为确保自己始终专注于正确的事，我常这样问自己："如果妻子或女儿今天就将离我而去，我愿意付出多少代价再与她们共舞一次？"这不难回答，我愿意付出我的一切。如果我有100亿美元，我愿意全数交出，换来与她们共舞。

孩子们心中"爱"的写法是 时间

### ◆ 菠萝？菠萝！ ◆

每次逛超市，我总是被四分之一个新鲜菠萝的"天价"震惊。面对高价，我总会被"忽悠"花3美元买下一个完整的菠萝，而不舍得花9美元去买切好的菠萝。

一到家，我就开始给菠萝去芯。但凡做过的人都知道，这是一件麻烦事。

1. 菠萝又大又硬，刺还多。
2. 中间的硬芯必须切除。
3. 然后，去皮，但一定要切得很薄。菠萝最甜的是紧贴果皮的那部分，所以第一遍削皮时，要保留那些棕色果眼，之后再用V字形切法将其剔除。
4. 当然，每次切菠萝，菠萝的汁水总能精准地找到我手上的小伤口，蚀得生疼。
5. 我一般需要15～25分钟才能切好一个菠萝。
6. 总之，这可真是一件麻烦事。现在，我很乐意多花6美元来节省20分钟，既省事又能得到一个切得更好的菠萝（而且，我的手还不会被蚀得生疼）。

除非能从切菠萝的过程中得到快乐，否则我最好还是直接买别人

THE FOCUS PROJECT: THE NOT SO SIMPLE ART OF DOING LESS
思考断舍离：如何依靠精准努力来达成目标

> 生命中最美好的不是具体的事物。

切好的新鲜菠萝。我的大脑中回荡着两个声音，一个说我在浪费钱，因为我完全可以自己切菠萝；另一个说我做得对，因为我是在花钱买时间，这样就可以多陪家人。这种思想的转变使我感到愉悦，我可以在不喜欢的事情上少花费时间，而去多陪伴自己所爱的人。

## ◆ 时间到底价值几何？ ◆

如果你年薪15万美元，每周工作45小时，每年52周，除去4周节假日，换算下来每小时薪酬约为70美元。

了解你的时间在自由市场上的价值是十分必要的，这将有助于你做出更明智的决定（例如，买切片菠萝，还是完整的菠萝）；更重要的是，这将使你开始购买世界上最宝贵的商品——时间。

如果你不喜欢粉刷家中露台的地板，那么按照每小时70美元的薪酬来算，你自己粉刷的成本是多少？如果你需要5小时才能完成，那就是350美元。或者，你也可以花200美元请别人来粉刷。如果拿得出这笔钱，你应该自动做出雇人来刷的决定。

无论你把时间花在哪里，都会产生机会成本。原本你需要用来粉刷地板的时间空出来之后，你可以用它来创造350美元的财富。所以，只要对方报价低于350美元，你就应该立即将这项粉刷工作外包给他人。

虽然看着简单，但在很多时候，即使手中资金充足，我们也难以做出决断。在大多数人看来，请人修剪草坪、树木或打扫卫生都是"懒惰"的表现。

然而，如果我说花钱可以买到时间，他们会出钱购买吗？所有人都会十分肯定地回答："当然！"但是，上面所说的外包正是这个道理。你是在花钱买时间啊！我们如今就生活在一个外包服务发达的世界中。你会开车并不意味着每次旅行都要租车，使用网约车往往更划算，尤其是当司机载你去目的地的途中，你还可以利用这段时间处理工作或小睡一会儿补充精力。亿万富翁都会雇专职司机，并不是他们想享受特权或懒得开车，而是因为他们深知，在豪华轿车后座上工作比自己开车赚得更多。

购买时间也是另一种专注方式。只有将一切与个人或企业目标无关的事项都外包出去，你才能专注做真正重要的事。

## ◆ 调和而非平衡工作与生活 ◆

我们需要追求的是和谐，而非平衡。我们必须明白，无论是泳池派对、孩子们的睡衣派对，还是日期临近的工作、会议、拼车看球、漏水的管道、延误的航班、家长会、待回复的邮件等，都是必须面对的现实问题，而他们并非被有序地安排在一个个独立的密闭隔间内。

生产力研究专家约书亚·泽克尔（Joshua Zerkel）解释："许多人声称自己已经或正在努力实现工作与生活的平衡，但实际上，他们只是忽略了许多事项，只是单纯放弃了许多任务而已……而解决问题的关键，其实在于接受现实，然后将工作充分融入生活，再确定优先级。人们在试图平衡工作与生活中遇到的最大挑战，是想把所有任务都囊括进日程之中。其实，这就像玩俄罗斯方块游戏，你必须用最合适的方式将方块放入你的生活中。关键是要选择最合适的方块放入，而不是把一大堆方块都堆在角落里，徒增焦虑。"

THE FOCUS PROJECT: THE NOT SO SIMPLE ART OF DOING LESS
**思考断舍离：** 如何依靠精准努力来达成目标

泽克尔指出，与其继续往日程中添加事项，不如问问你自己，有哪些事项可以删除。

每当我写好演讲稿或书稿之后，我总会请自己信任的朋友帮我删减25%的内容。之所以请他人帮忙，是因为这些稿件就像我的孩子，我对每个字情真意切，难以割舍。这个方法用在生活中也是极好的。

我身边就有两位密友，他们会互相评价对方的生活，指出对方生活中可以删减的25%的冗余内容。

### 他们的答案

托德可删减的事项：

1. 看体育比赛。
2. 玩电子游戏。
3. 看电竞比赛。
4. 看YouTube上的失误搞笑视频。
5. 玩在线扑克游戏。

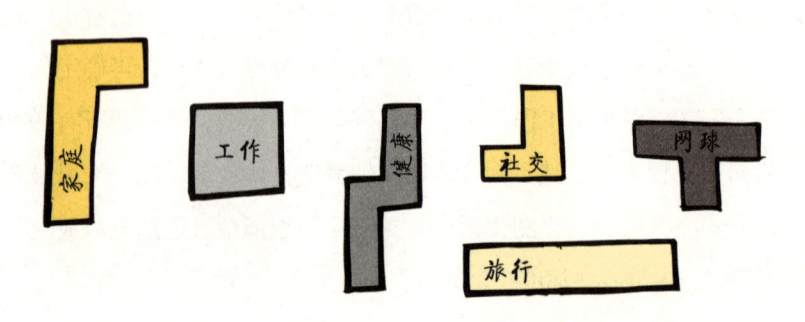

March · Family + Friends
3月·家庭+朋友

卡洛琳可删减的事项：

1. 在健身房锻炼。
2. 在Netflix网站上看电视剧。
3. 收看HGTV的节目。
4. 浏览Instagram网站。
5. 在打扫卫生上花费过多时间。

看看你的日程表，你可以删减哪些内容，从而争取到25%或50%的时间？

如果我们的目的地是汪洋中较大的岛屿，那为何还要拼命划桨奔赴那些不重要的小岛呢？

◆ **本章小结** ◆

### 本月大事

敢于对其他事物说"不"，才能拥有专注于最重要之事的能力。专注始于对自我能力的客观认识。

### 本月得分：*B*

这一章是我个人最喜欢的一章，这个月我学会了优先考虑家人和朋友。面对朋友，拒绝的话总是难以启齿，但我逐渐掌握了拒绝他人的方法，也开始更频繁地对不重要的人和事说"不"。今日的拒绝使我在日

THE FOCUS PROJECT: THE NOT SO SIMPLE ART OF DOING LESS
**思考断舍离：** 如何依靠精准努力来达成目标

后能有更多的时间陪伴自己爱的人。我没有得到"A"，是因为还有进步的空间。说得更确切一些，就是我必须继续调和工作与生活。通过这个月的努力，我与身边人的态度都发生了积极的转变。能与那些对我来说最重要的人更好地相处，令我兴奋不已。

**关键要点**

1. 如果不能坚定地答应对方，就应当坚定地拒绝。最好的生产力工具就是说"不"。

2. 设置保底措施，例如，我的"52夜定律"。

3. 头号老爸、头号姐妹、头号祖母或头号好友会怎么做？

健康

Health

THE FOCUS PROJECT: THE NOT SO SIMPLE ART OF DOING LESS
**思考断舍离：** 如何依靠精准努力来达成目标

毫无疑问，我的日常健身活动都是在拉茨维尔（Rutsville）的健身房里进行的，像我这样的肯定不在少数。很多人走在不同的健身之路上，有些人是为多减几磅体重而第一次走进健身房，有些人则是为完成人生第一场超级马拉松。

像生活中的大多数事情一样，健身要取得进展，关键是要设立目标并制订相应计划。一个合理的目标有助于打破我们的不合理习惯。一直以来，我已经养成了不设定训练目标的习惯；每次锻炼都是在走过场，不是举举杠铃，就是在酒店的椭圆机上随便练练。因为以前我参加的多是团体运动，所以很怀念大家一起训练互动的氛围。

痛定思痛之后，我立下了如下目标：

### 1. 一口气连做100个俯卧撑

对我来说，目标一定要切实可行。身高臂长（身高1.98米，臂长94厘米）的我天生适合篮球、赛艇、游泳这类运动，却不擅长滑雪、赛马，或做太多俯卧撑。状态好的时候，我勉强可以一连做40个俯卧撑，所以要做到100个还是挺有挑战性的。

### 2. 参加一项网球联赛

参加排球比赛可以有更多团队合作的机会，但频繁出差，使我无法成为一名可靠的队友。我在大学加入学校篮球队，但在高中时，却是网球队的一员，如今我想再度拿起球拍。打网球的另一个好处是，家人可以跟我一起练。所以，我决定参加网球联赛，与其他球员一争高下。若时间允许，我还可以找人组队参加双打比赛。

## ◆ 了解自己的软肋 ◆

我们身边都有这样一位朋友,他拥有我们羡慕的身材。对我来说,比尔就是这样。于是,我便向他取经,问他如何确保不过度食用垃圾食品。他的回答是:

嗨,我早就知道根本没有所谓的适度。我的软肋就是爱吃咸味食品,尤其在晚上。书上说,当你忍不住时,可以吃拳头大小的量来满足肚子里的馋虫,可笑的是,这对我根本不管用。我要么不吃,要么必须吃完整包薯片。

他的话给了我希望,因为我也对某些食物欲罢不能。

事实证明,大多数人都是如此。畅销书《精要主义》(*Essentialism*)的作者格雷格·麦吉沃恩(Greg McKeown)说:"……大多数人都没有很好的自制力。如果日常饮食需要控制糖分的摄入,我就必须要求自己完全戒糖,否则总能找到吃甜食的借口。例如,'今天过节啦''今天是妻子生日啦'。"

头号畅销书作家布芮尼·布朗(Brené Brown)也遇到了同样的难题,他说:"我深知自己的自控能力不强。对面包,我永远做不到浅尝辄止。所以,我干脆对面包篮敬而远之。"

我的软肋则是黑巧克力饼干。像上面几位一样,面对食物的诱惑,我总是甘拜下风。我做不到只吃三块巧克力饼干就罢手,要么不吃,要么就吃完一整包。

如今,巧克力饼干已经被我列入了"禁止出现在我家方圆几里的食物名单"中。对我来说,最管用的方法就是压根儿不买它。女童子军饼干也是如此，我根本无法抵挡萨摩亚（焦糖饼干）的诱惑。所以，每当我买了女童子军饼干之后，我会立即将它们送人……对我来说，这些饼干就是烫手山芋。

**醒悟时刻**：要了解自己，了解自己的软肋。

## ◆ 可怜的小威尔玛 ◆

多年前，在田纳西州的一个贫苦家庭中，一个女婴呱呱坠地。可怜的小威尔玛从小就身体不好，4岁时，因患小儿麻痹致残。

医生给了她一副特殊的支架，并断言她再也无法靠双腿独立行走。

但是，母亲鼓励小威尔玛，告诉她只要坚持梦想，就一定能成功。威尔玛笑着说："我想成为世界上跑得最快的女人。"

于是，9岁那年，不顾医生的建议，威尔玛毅然取下了支架。她迈出了医生口中她永远无法迈出的第一步。13岁那年，她参加了人生中的第一场比赛，以最后一名完赛。

此后，她又陆续参加了不少比赛，成绩依然靠后。但是，她不但没有放弃，还逐步将成绩提了上来。15岁时，她遇到了田纳西州大学的一位田径教练。她告诉对方："我想成为世界上跑得最快的女人。"

此后，威尔玛更是不分昼夜地刻苦训练。最终，她站在了一位名叫尤塔·海涅（Jutta Heine）的强劲对手面前。此前，海涅未尝败绩。

100米决赛发令枪响后，威尔玛一骑绝尘，率先撞线。200米决赛也上演了同样的一幕。之后，威尔玛和海涅作为各自接力队的主力，又一同出现在4×100米接力赛的赛场上。两人都从第三棒队友手中接过接力棒，唯一不同的是，威尔玛掉棒了。

眼见海涅率先冲了出去，威尔玛迅速捡起接力棒，加速狂奔，最

April · Health
4 月·健康

终在那届奥运会上第三次击败海涅。1960年，一位曾经瘫痪的名叫威尔玛·鲁道夫（Wilma Rudolph）的女孩，以连夺三枚奥运金牌的成绩创造了历史，成为世界上跑得最快的女人。威尔玛没有受制于他人的看法或多舛的命运，而是一心一意地努力实现自己看似遥不可及的梦想。

### ◆ 参照物与触发物 ◆

在上文中，我曾提到可以使用"参照物"，其实这种方法的适用范围很广，对于健身和保持良好饮食习惯也是有效的。

例如，在飞往巴黎的飞机上，我会这样问自己："你想吃飞机上这种口味一般的果冻，还是暂时忍一忍，等下了飞机，去巴黎街边的咖啡馆好好享用一个巧克力可颂面包？"毫无疑问，巴黎街边的巧克力可颂面包每回都会轻松胜出。后来，我从食物的角度去解读爱因斯坦的相对论，简直是万物皆相对。

THE FOCUS PROJECT: THE NOT SO SIMPLE ART OF DOING LESS
**思考断舍离：** 如何依靠精准努力来达成目标

## ◆ 垃圾食品触发物 ◆

有一次家庭聚会结束，在驱车回家的途中，妻子说道："我希望表哥别再提政治话题了，每次都会引发争议，闹得很不愉快。""引发"这个词突然点醒了我，没错，引发、触发物。

如果能找到方法，抑制那些引发不良饮食习惯或健康隐患的触发物，我就将彻底战胜食物的诱惑。

于是，我找来几位好友，让他们找出引发自己饮食或健康习惯的触发物，并分析利弊。结果，我惊讶地发现，大家几乎都知道自己的问题所在。

喝啤酒。一喝啤酒，我就想吃咸的东西，尤其是炸玉米片。更糟的是，这种事还常常发生在深夜，也就是最不适合吃零食的时间之一。

寒冷。如果我去看儿子的橄榄球赛，而天气又很冷的话，我就会吃点热乎的东西。而看高中橄榄球赛时，你能找到的热乎的食物就是热狗、大包的椒盐饼干或玉米片。

压力。每当感到有压力时，我就能毫不费力地吃完一桶整整1加仑的冰激凌。而且，这种缓解作用是极其短暂的。实际上，吃完1加仑冰激凌后，我往往因为愧疚而感到更有压力了。

我的触发物也很好辨识。如果你一时无法找到，可以详细记录自己吃过的所有食物，慢慢就会发现端倪了。

### 我的垃圾食品触发物

**1.** 咖啡　　　　**2.** 红酒　　　　**3.** 看比赛

我是过了而立之年后，才开始喝咖啡的。但是，年龄并未消减我对咖啡的热情，甚至迷恋。作为我最喜欢的饮品，我对咖啡的一切都着迷——从制作过程到香气、捧着咖啡杯的温热的手感，再到一边轻啜咖啡一边欣赏日出的惬意。(由于家中有两个幼童，所以这种惬意时刻甚少出现，但哪怕只是幻想一下，也是美好的。)

这个月，我才注意到自己极少单喝一杯咖啡。我总想在享用咖啡的同时再吃点什么，那时我才突然醒悟：配着咖啡吃的从来都不是什么健康食品。我经常搭配咖啡的食物是：

- ☐ 可颂
- ☐ 巧克力
- ☐ 玛芬
- ☐ 司康饼
- ☐ 曲奇
- ☐ 华夫饼
- ☐ 薄烤饼
- ☐ 蛋糕
- ☐ 肉桂卷
- ☐ 甜点

难道我要戒掉咖啡吗？绝不！咖啡绝不能放弃，但我的确需要改变与之搭配的食物。

了解自己的触发物后，平时在家里喝咖啡时，我会用杂粮华夫饼取代高热量的大块比利时华夫饼，也不在华夫饼上涂抹厚厚的黄油和糖浆，而是抹上杏仁酱和纯蜂蜜。因为咖啡和华夫饼都在我的必选名单上，所以这种饮食习惯无法戒掉，只能改进，大家可以适当参考这一方法。

我喝红酒时也是如此。虽然并不贪酒，但我偶尔也会小酌一杯。对我来说，喝红酒和喝咖啡的情况是一样的。

没有下酒物是不行的，幸好搭配红酒的不全是垃圾食品（例如，

THE FOCUS PROJECT: THE NOT SO SIMPLE ART OF DOING LESS
**思考断舍离：** 如何依靠精准努力来达成目标

> 想同时抓住两只兔子的人，最后一只也抓不着。
> ——俄罗斯谚语

葡萄、坚果）。可问题在于，我总想就着红酒，再吃2磅奶酪、饼干和一大块黑巧克力。

这时，我就该搬出那套"值不值"理论来二选一了。如果红酒味道一般，我就不喝了。反正花出去的钱已经是沉没成本了，为何还要一错再错，继续喝完不好喝的酒，而且第二天一早还要受头疼之苦？

**醒悟时刻**：如果某物不值，就及时放弃。

## ◆ 结伴 ◆

最常见的新年计划之一便是减肥，然而，仍有近三分之二的成年人超重或肥胖。

科学表明，未能成功减肥的原因，多是由于缺乏明确的目标和详细的减重记录所致。这些任务看似简单，要具体落实却并非易事。

增加成功概率的方法之一，是找一位小伙伴一起健身，或加入某个健身小组。一直以来，我们都知道，与其他人一起健身有助于我们坚持目标，提高我们的运动表现和责任意识，也可以令我们更加愉悦，而相关研究也证实了这一观点。健身时，大脑会释放一种名为"内啡肽"的激素，令我们体会到运动的快感。而与朋友一起健身时，我们体内的内啡肽水平会更高，心情也会更加愉快。如果每次健身结束时，我们都满怀愉悦，那坚持下去的概率就会大大增加。

有一项研究发现，在与朋友共同开始减肥的实验对象中，有95%完成了减肥计划，而且坚持朝下一阶段目标努力的可能性也提高了42%。

这不仅因为实验对象得到了身边人的支持，还在于人们惯于模仿身边人的行为。这其中的部分原因归结为"科勒效应"，即任何人都不想被视为团队中的短板。

20世纪20年代，德国心理学家奥托·科勒（Otto Köhler）开展了一项实验，旨在研究团队协作对个人表现的影响。该实验的对象是柏林赛艇俱乐部的队员。科勒请所有人同时进行97磅（约44千克）重的杠铃弯举，一直举到无法再举起为止。然后，科勒将他们分成不同的组，要求各组成员共同举起很重的铁杠。二人组的铁杠重量为97磅的2倍，三人组的则为3倍，所以组内但凡有一人坚持不住，其他人必定也无法支撑多久。结果，科勒发现，结成小组之后，组内最弱队员的表现要远远优于其单独一人时的表现。不仅如此，组内队员之间的体能差异越大，体能较弱队员坚持的动力就越强。如今，我们便将科勒的这一发现称为"科勒效应"。

在生活中，科勒效应无处不在。例如，当与更健壮的健身伙伴一起做平板支撑时，健身者的坚持时间能增加24%。

即使你对单独健身的效果感到满意，也请定期参加集体锻炼，最好与体能优于你的人在一起。

## ◆ 坏习惯要用好习惯来代替 ◆

研究结果表明，当我们戒掉某种坏习惯时，就一定会寻找其他寄托——这就是为何许多戒烟者会发胖的原因。他们用食物来填补戒烟后造成的空虚。酒徒戒酒后突然狂热地爱上了跑步，也是类似的道理。相反，当你用另一个坏习惯来填补前一个坏习惯留下的空缺时，这对你的健康就毫无益处了。例如，我虽然戒掉了吃华夫饼的习惯，但用巧克力蛋糕取而代之，那无疑就是在歧途上越走越远。

一旦确定咖啡就是我的触发物之一时，我就会主动寻找替代物，至少偶尔为之。一位日本朋友建议我用喝热水来取代咖啡。热水的口感当然无法与咖啡相提并论，但它无疑是健康之选，而且在那些"戒咖啡的日子"里，它确实给我带来和咖啡同样的温暖。有意思的是，有研究结果表明，相比男性，女性对这种安慰剂效应（例如，用热水代替咖啡）更受用。

如今，我仍经常喝咖啡，配华夫饼，但已不是每天如此。我并不追求完美，只是努力做得更好，毕竟完美是进步和优秀的敌人。

### ◆ 美梦 ◆

要保持专注，就必须确保优质睡眠。蒂姆·费里斯在《巨人的工具》（Tools of Titans）一书中，采访了全球200位各行各业的顶尖人物，其中既有知识分子，也有金融奇才和体坛巨星。

费里斯惊讶地发现，这些精英都有一个共同之处，他们大多刻意保证每天8～10小时的睡眠时间。

大多数人都以为这些精英从来不睡觉，认为他们成功的部分原因就在于别人睡觉时他们依旧在努力。其实不然，他们保持专注的习惯之一，就是确保精神和身体都得到充分的休息。

以下是美国睡眠协会（American Sleep Association）提供的简易三步法，可以帮助人们更好地休息。

1. **保持作息规律**：尽量保持不变的起床时间和入睡时间。这对有些人来说是一个挑战，例如，要照顾幼童的父母、军队里的士兵、经常出差的商务人士等。尽量与你的孩子一同入睡；经常出差的话，尽量按照自己家庭所在的时区作息。
2. 控制白天小睡的时间：每次小睡不超过20分钟，否则就会消耗睡眠需求，增加夜晚入睡的难度。
3. 下午2点后不宜运动。尽量避免睡前运动，运动会使大脑释放内啡肽，使人难以入睡。

如果以上三条不管用，你还可以试试蒂姆·费里斯推荐的一种纯天然助眠饮品。许多人在试过这个简单的苹果醋配方之后，感觉自己的睡眠质量有所提高。

**请在睡前，将以下三样混合后服用：**

1. 1杯温水
2. 2勺有机苹果醋
3. 1勺有机蜂蜜

有时，尤其是在乘坐国际航班时，我发现一点点天然褪黑素也能起到很好的助眠作用。

成功人士都意识到了睡眠和早起的重要性。作家托马斯·考利曾花5年时间，对177位白手起家的百万富翁进行跟踪调查，结果发现近半数被调查者至少在上班前3小时起床。"这些习惯就像片片雪花，逐渐累积，雪球越滚越大，最终让他们所向披靡。"考利总结道。

理查德·布兰森（Richard Branson）是维珍集团（Virgin Group）的创始人，这位极富冒险精神的亿万富翁坚持每天早晨5点45分起床

THE FOCUS PROJECT: THE NOT SO SIMPLE ART OF DOING LESS
思考断舍离：如何依靠精准努力来达成目标

> 早睡早起使人健康、富有、聪明。
> ——本·富兰克林

锻炼。杰克·多尔西（Jack Dorsey）是Square公司的首席执行官，也是推特的创始人。他每天早晨5点30分起床冥想，之后还要慢跑6英里（约10千米）。下表内容可能已失去了时效性，但它反映的一个关键信息是：成功的商业精英大多有早起的习惯。

一些精英人士的起床时间

| 姓 名 | 职 位 | 所属公司（机构） | 起床时间 |
|---|---|---|---|
| 玛丽·巴拉（Mary Barra） | 首席执行官 | 通用汽车 | 6:00 |
| 蒂姆·阿姆斯特朗（Tim Armstrong） | 首席执行官 | 美国在线 | 5:15 |
| 乌苏拉·伯恩斯（Ursula Burns） | 首席执行官 | 施乐 | 5:15 |
| 杰夫·伊梅尔特（Jeff Immelt） | 首席执行官 | 通用电气 | 5:30 |
| 英德拉·努伊（Indra Nooyi） | 首席执行官 | 百事 | 4:00 |
| 塞尔吉奥·马尔乔内（Sergio Marchionne） | 首席执行官 | 菲亚特克莱斯勒 | 3:30 |
| 比尔·格罗斯（Bill Gross） | 联合创始人 | 太平洋投资管理公司 | 4:30 |
| 理查德·布兰森（Richard Branson） | 创始人兼董事长 | 维珍集团 | 5:45 |
| 大卫·库什（David Cush） | 首席执行官 | 维珍美国 | 4:15 |
| 杰克·多尔西（Jack Dorsey） | 首席执行官 | Square | 5:30 |
| 蒂姆·库克（Tim Cook） | 首席执行官 | 苹果 | 3:45 |

续表

| 姓　名 | 职　位 | 所属公司（机构） | 起床时间 |
|---|---|---|---|
| 鲍勃·伊格尔（Bob Iger） | 首席执行官 | 迪士尼 | 4:30 |
| 米歇尔·奥巴马（Michelle Obama） | 美国前第一夫人 | 美国政府 | 4:30 |
| 霍华德·舒尔茨（Howard Schultz） | 创始人 | 星巴克 | 5:00 |
| 陈盛福（Frits Van Paasschen） | 首席执行官 | 喜达屋 | 5:50 |
| 董明伦（Carl McMillon） | 首席执行官 | 沃尔玛 | 5:30 |

在这张表中，刘易斯·华莱士（Lewis Wallace）的名字并未出现。你没听说过此人？这是一个每当我们醒来都应该诅咒的名字，他就是那个被认为发明了闹钟上贪睡按钮的人。小说《宾虚》（Ben Hur）就是出自华莱士之手，在某些人看来，这无疑又使他罪加一等。1956年，通用电气公司率先给闹钟加入贪睡按钮功能。

睡眠医学专家迈克尔·布劳斯（Michael Breus）认为，贪睡按钮的发明对人们的睡眠无异于一场灾难。要知道，你之所以想在第一时间按下这个按钮的主要原因是，你没有7～9小时的充足睡眠。

当睡眠不足时，人会受到睡眠惯性的影响。美国国家睡眠基金会（National Sleep Foundation）将此解释为"一种昏昏沉沉的、类似醉酒般的迷失感"。

睡眠惯性会降低人的决策能力，损伤人的记忆力，还会使一个人起床后整天都表现欠佳。

睡眠障碍中心的医学主任罗伯特·S.罗森博格（Robert S. Rosenberg）介绍说："当按下贪睡按钮时，你就犯下了两个错误。"

THE FOCUS PROJECT: THE NOT SO SIMPLE ART OF DOING LESS
**思考断舍离：** 如何依靠精准努力来达成目标

其一，你将多睡的几分钟与之前的睡眠割裂开来，使睡眠质量大打折扣。也就是说，多睡的几分钟毫无意义。其二，你使自己进入了一个新的睡眠循环中，可自己又没有充足的时间来完成它。这会"使你的大脑激素分泌紊乱"，破坏你的昼夜节律，干扰控制入睡时间和起床时间的生物钟。

第一批贪睡按钮的发明者一定清楚这一按钮的缺点。有研究结果表明，只要"贪睡时间"超过10分钟，睡眠者就会继续进入下一段深度睡眠。因此，大多数闹钟厂商都将贪睡按钮的时长设置在10分钟以下。

而且，一旦我们按下贪睡按钮，小睡一会儿再起床，接下来的一整天反而更加困倦。不仅如此，贪睡按钮的出现就意味着，我们一边将闹钟设定为某一时间，一边又根本不打算在那个时间起床，这难道不会有些矛盾吗？这个按钮无疑在怂恿我们，即使闹钟响起也不起床。

布劳斯表示，人的昼夜节律会随时间而改变。例如，19岁的年轻人更可能熬夜到凌晨4点，而90岁高龄的老祖母很可能晚上8点就寝，凌晨4点起床。无论年龄几何，如果闹钟响后你打个盹，那就糟了。

按照起床时间来划分，所有人大致可以分为知更鸟型（早起类）、猫头鹰型（熬夜类）、老鹰型（正常类）三种。多数人都属于起得不早不晚的老鹰型。德国亚琛工业大学（RWTH Aachen University）的杰西卡·罗森博格及其同事研究得出：约有10%～15%的人属于知更鸟型，而有20%～25%的人属于猫头鹰型。

我们可以通过以下简单的方法来判断自己属于哪种类型：

不考虑其他因素，如果给你8小时的睡眠时间，让你自由安排，你会在何时自然醒来？

April · Health
4月·健康

早晨7点前 = 知更鸟型 　　7点至10点 = 老鹰型

10点之后 = 猫头鹰型

　　随着时间的推移，我们所属的类型会随着生活方式的改变而改变。例如，大多数儿童和老人都是知更鸟型，而青少年则多是猫头鹰型。

　　一般来说，我们每天都会经历三个阶段——精力充沛、精力衰退、精力恢复。例如，典型的知更鸟型的节律可能是：

　　上午6点至下午1点（精力充沛）：此阶段适合处理较难的认知性工作或涉及问题解决方面的任务。

　　下午1点至下午5点（精力衰退）：随着大脑开始出现疲倦的信号，我们应该转而处理一些简单的任务，如写邮件、回电话、做计划等。

　　下午5点至晚上9点（精力恢复）：适合读书、冥想、写日记、与亲朋好友聚餐、散步等。

　　关键是要确定自己是知更鸟型、猫头鹰型还是老鹰型，然后再找出适合我们的身心和日常需求的最优解决方案。

THE FOCUS PROJECT: THE NOT SO SIMPLE ART OF DOING LESS
**思考断舍离：** 如何依靠精准努力来达成目标

"生活总能给我们制造各种麻烦。"考利在《改变习惯，改变人生》(Change Your Habits, Change Your Life) 一书中说，"每当结束一天的工作时，有多少人会沮丧地向生活举手投降，因为意外的干扰，未能如愿完成全部工作？"

"这些意外使我们身心俱疲，致使我们最终不得不相信，我们根本无法掌控自己的人生，这种想法令我们感到无助。"考利写道。为避免产生这种无助感，我们应该在意外的干扰出现之前，就把最重要的事情做好。

如此，即便你不是一只早起的知更鸟，也无须恐慌。

关键是你要起得更早，在被外界干扰之前，就早早地起床。许多人都是在有了孩子之后，才养成早起的习惯。父母们会督促自己与孩子一起入睡。不过，更常见的情况是，带孩子一整天的父母们精疲力竭，上床就睡。随着年龄的增加，我们会自然而然地开始早睡早起。正因如此，退休的祖父家的"跨年水晶球"，总是等不到午夜12点，而是在晚上9点就早早落下。

你可以循序渐进地养成早起的习惯，先从提前半小时开始，如果正赶上夏令时①结束，时钟被"拨慢1小时"，那你只要保持日常作息，什么都不做，就能早起1小时了！如果你想成为早起之人，可以先参考商业内幕网（Business Insider）的下列建议。在每条建议后的括号内，我还备注了个人的测试结果，显示其是否有效。

---

① 美国实行夏令时制。夏令时，即为充分利用光照资源、节约能源而人为设定的时间。具体来说，美国的夏令时一般在3月第二个周日凌晨2点（当地时间）开始，将时钟拨快1小时，调至3点；而在11月第一个周日凌晨2点（当地时间）夏令时结束，将时钟拨慢1小时，调至1点。——译者注

April · Health
4月·健康

1. 禁用"贪睡功能":每晚睡觉前,我们必须再次提醒自己这一点。(有效。我禁用了手机闹钟上的贪睡功能;此外,将手机放到随手拿不到的地方,也能迫使我起床。)

2. 想想第二天一早能令你高兴的事。(有效。)

3. 调暗卧室光线,降低室温:早起的关键,是要确保整晚舒适的睡眠。室内光线越暗,睡眠质量越好。有必要的话,可以买一副舒适的眼罩。将恒温器设置为在睡眠时间内自动降低室温。(为买到合适的眼罩,我的确花了不少心思,事实证明,这是值得的。降低室温对我同样有效,但我的妻子怕冷,所以控温这一条在家中难以实现。不过,我在外出住酒店时,会将室温调至18摄氏度左右,助眠效果显著。)

4. 睡前30分钟,关闭所有电子设备。(说起来容易做起来难,不过若真能做到,还是有效果的。)

5. 晨练:养成早起锻炼的习惯。运动调动情绪,情绪激发活力。(有效。)

6. 喝凉水:早晨起床后,喝一大杯冰水,绝对能使我们瞬间清醒。(这条对我不太适用,光是制冰机的噪声就足以吵醒我们全家,不过这也算起作用了。)

7. 补充新鲜空气:可以的话,尽量开窗睡觉。人们打哈欠的原因之一就是为了吸入更多的氧气。氧气有助于人们早起。许多人认为,拉斯维加斯的赌场就是通过用氧气泵向赌桌周围灌入氧气的方法,令赌徒们更加兴奋而"流连忘返"的。(有效,但需避开过敏季。)

8. 养成规律的作息习惯:要成为早起之人,最好的方法就是早晚作息规律。(有效,虽然这一条在出差旅行时难以执行,但若

THE FOCUS PROJECT: THE NOT SO SIMPLE ART OF DOING LESS
**思考断舍离：** 如何依靠精准努力来达成目标

能坚持下来，还是成效显著的。）

对于戒除贪睡的陋习，我的好友梅尔·罗宾斯（Mel Robbins）有一个妙招。她把起床当成发射火箭。闹钟一响，她就倒数5—4—3—2—1，然后把自己从床上"发射"出去。她发现这个法子十分有效，便将这一理念扩展至生活的方方面面——不再按下人生中的"贪睡按钮"！她甚至为此出了一本畅销书——《5秒法则》（The 5-Second Rule）。

这个月，通过制定严格的作息时间，我受益匪浅。其实，就像儿童需要规律作息一样，规律作息对成年人同样重要。

### ◆ 睡好觉 ◆

如果我们将大脑想象成一个软件，那睡眠过程就相当于重启电脑，不仅帮助我们删除垃圾文件，还能查杀一切病毒。大脑会消耗人体25%的能量，所以我们必须优先确保其得到充分的休息，才能激活我们的中央处理系统。

有一些研究结果显示，婴儿式的蜷卧睡姿最有利于大脑休息；这种睡姿比仰卧或俯卧更好。更确切地说，左侧卧位似乎是最能促进全身血液循环的睡姿，因为大部分的静脉血都会回流至右心房。

我们躺下睡着后，会经历4种睡眠状态：

**清醒：** 在通常情况下，我们每晚会醒10～30分钟，随着年龄的增长，我们在夜间醒来的可能性也在不断增加。

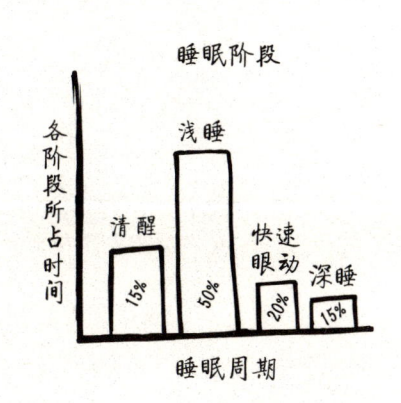

快速眼动（REM）：这种状态通常出现在后半夜，对于记忆力和情绪至关重要。在此期间，大脑会清理无关的事物，使梦境变得更加生动，我们的心率和呼吸都会加快。

浅睡：晚上入睡后，我们大多数时间都处于这种状态。浅睡有助于精神和体力的恢复。

深睡：这种睡眠状态不仅有助于体力恢复，还能改善我们的记忆力和学习能力。如果醒来时感到格外神清气爽，说明前一晚你处于深度睡眠的时间一定不少。在深度睡眠状态下，大脑的活跃度大大降低，而人体会分泌一种与细胞重建有关的生长激素。此外，深度睡眠还有助于增强我们的免疫系统。

每个人的睡眠周期有所不同，大致过程是下面这样：

清醒 → 浅睡 → 深睡 → 浅睡 → 快速眼动

典型的睡眠各阶段时间分布：

15% 清醒
50% 浅睡
20% 快速眼动
15% 深睡

THE FOCUS PROJECT: THE NOT SO SIMPLE ART OF DOING LESS
**思考断舍离：** 如何依靠精准努力来达成目标

随着健身追踪器的普及，我们可以检测自己的睡眠状况。因此，当再有人问"你昨晚睡得怎样"时，我们便可以回答："稍等，我来看一下。"

就像我们会追踪健身数据一样，我们也应该记录影响睡眠的有利因素和有害因素，毕竟睡眠质量会直接影响大脑的工作效率。当然，如果你的睡眠质量一向不错，请继续保持。

### ◆ 大脑需要还是身体需要？ ◆

我吃东西的原因有下面三个：

1. 习惯使然。
2. 肚子不饿，但嘴馋想吃。
3. 真的饿了。

有多少人只是因为吃饭时间到了就去吃饭的？这就是习惯使然。哦，中午啦，我该吃午饭了。大多数人都有雷打不动的就餐时间，一到时间，即使不饿也会去吃。在一些特殊情景下，我们也会习惯性地吃吃喝喝。例如，看球时，我们总会捧着一碗薯片吃个不停。放假在家时，我们一定会把亲朋好友请来喝一杯。

其他时候，我们吃东西只是因为无聊。

我突然醒悟：只有饿了才应该吃。道理如此简单，我们却总是做不到。

为改正这些根深蒂固的陋习，我常会自问："究竟是我的大脑想吃/喝这个东西，还是我的身体真的需要它？"

April · Health
4月·健康

在大多数情况下，身体都受大脑支配，我只是嘴馋想吃，而不是真饿。

有一个很简单的例子，就是早晨喝咖啡，吃抹了杏仁酱的小块华夫饼。每次我都能心满意足地吃饱，但还是会想象自己一边悠闲地写书，一边喝着咖啡，吃着热乎乎的华夫饼，然后不紧不慢地坐车去机场。我相信你们一定也憧憬类似的宁静祥和的场景。但是，这类田园诗般的时刻鲜少如我们预想的那样在现实中发生。

真实情况往往是，某些突发情况意外地挤占了我的时间，导致我三口两口把咖啡灌下肚，一边往嘴里塞着焦煳的华夫饼，一边冲出门去。在这种情况下，别说是什么愉快的仪式感——这顿饭吃得"根本不值"。

| 宜 | 忌 |
|---|---|
| · 优质葡萄酒 | · 白巧克力 |
| · 优质比萨 | · 飞机餐 |
| · 巧克力 | · 劣质葡萄酒 |
| · 优质布里干酪 | · 蛋黄酱 |

于是，我决定，还是等有空的时候再去享受这种仪式感。这样想之后，我变得更善于规划自己的时间。而且，当真的找出时间来享受这份惬意时，我会将其视为对自己的犒赏，毕竟这不是我每天都能享用的。

我的多位同事在坚持禁食几日之后，都对其成效赞不绝口。对我而言，连续几天不吃东西不太现实，但我发现间歇性禁食或许更适合我……

## ◆ 用禁食来提高专注度 ◆

运动能够对身体产生长期的有利影响，这已经得到证实，例如可预防阿尔茨海默病等记忆障碍性疾病。定期锻炼的人患痴呆症的风险也能降低50%。

对我们的祖先而言，多数体力活动都是为了应急，不是为躲避其他动物追捕，就是为捕捉其他动物来充饥。在这些过程中，大脑的血流量会增加，这有助于提高反应能力，强化本能反应。所以，下次当你思绪混乱、无法保持专注时，可以试试去健身或外出散步。

在人类的进化过程中，另一种提高效率和专注力的方法便是间歇性禁食。我们的祖先主要以狩猎和采集野果为生，时常出现食物短缺的情况。渐渐地，他们的身体适应了这种周期性的饥饿状态，并逐渐演化成了间歇性禁食。在没有食物果腹的时期，他们的专注度会大大提升，从而更有可能察觉到附近猎物或食物的踪迹，甚至还能捕获剑齿虎。

通俗地说，间歇性禁食就是在特定时期内，限制人体的热量摄入。具体方式有很多，例如，每周抽出2～3天限制热量摄入，或每周禁食1次，持续时间为24～36小时。最普遍的做法，是将每天进食控制在8小时以内，也就是著名的"16∶8间歇性禁食法"（在醒来后的8小时内进食，其余16小时内禁食）。

间歇性禁食有助于减轻体重、降低血压、降低心率，还能改善大脑健康。

近期有研究发现，这种禁食法还能增加突触可塑性，从而提高人的学习能力和记忆力。此外，间歇性禁食还能对人体产生消炎作用，延缓大脑衰退。

间歇性禁食还能积极调动人的认知能力，有助于提高人们在记忆力测试中的表现，降低患阿尔茨海默病和帕金森症的风险。

本月，我用了2周时间，尝试间歇性禁食，虽然时间不长，但效果似乎不错。还有一个意外收获是，间歇性禁食为我节省了做早餐和吃早餐的时间。大家不妨一试，这是我们体验伏击剑齿虎的快感的最好时机。

## ◆ 瑞典修身服装 ◆

我爱瑞典，如果要离开美国，我一定会去马尔默或斯德哥尔摩，在那里过上面朝大海的日子。

瑞典乃至整个欧洲，都有一种跨越国界的时尚感。相比偏爱宽大中性衣物的美国人，穿着修身套装的意大利人和瑞典人无疑看上去更有品位。他们的衣物是名副其实地修身。为不让我的欧式长裤绷开，上下车的时候我都格外小心。这趟欧洲之行，除这条裤子之外，我还带了一条牛仔裤。用马戏团的术语来说，我基本属于"裸飞"了。我必须靠这条长裤撑完整个行程。

幸好，我并非"修身裤俱乐部"的唯一成员。陪我度过这段旅程的，还有两名瑞典经纪人，结果他们先后出了丑——要知道，他们可是"身经百裤"的欧洲人啊！当有些观众将我的照片传到社交媒体上时，父亲看了立马一针见血地提醒："你别再吃那块玛芬了，否则穿不上你身上这条裤子了。"

在国外召开新书签售会时，我常会接受媒体和观众的提问。在异国他乡的问答环节总能令我格外兴奋，因为那些问题常常出乎我的意料，有时我还能受到启发。

## THE FOCUS PROJECT: THE NOT SO SIMPLE ART OF DOING LESS
**思考断舍离：**如何依靠精准努力来达成目标

其中，我最喜欢的一些问题是：你多大了？你为什么要戴一副绿色眼镜？你的父母也很高吗？你的眼镜有镜片吗？

这次在瑞典的巡回演讲为期一周。最后一天，有位观众提了一个令我颇感意外的问题：你是如何保持这么好的身材的？

其实，这趟旅程对我来说是一个巨大的考验，尤其是我又连着几天品尝了各种瑞士巧克力，可以说我的身体并未处于最佳状态。但是，我注意到，在那位观众提出这个问题之后，我的行为发生了改变。之后几天，我摒弃了一切不健康的行为。突然间，仿佛保持身材成了我在瑞典"最拿手的事"。在整个接下来的行程中，人们在后台总会问我：你喜欢糖吗？你吃甜食吗？你是素食主义者吗？你每天锻炼几个小时？

有研究结果表明，如果你相信自己是某一类人，你的行为就会相应地发生巨大的转变。例如，假设你想戒烟，那就不要总想着"我是一名吸烟者，我需要戒烟"，而是换个思路，坚信自己"不再是一名吸烟者"。虽然想法只有细微的转变，却能让你的行为发生巨大的改变。

以我为例，在整个瑞典之旅中，我的思维过程是这样的：

我是一个身材很好的人。

一个身材好的人会坚持锻炼。一个身材好的人不会在早餐吃饱后再去吃一个抹着奶油起司的百吉饼。一个身材好的人不会在后台吃不新鲜的巧克力曲奇。

当你重新设定自己的思维模式后，你的行为也会发生相应的转变。根据自我概念理论的观点，你认为自己是什么样的人，最终就会成为什么样的人。自我概念，即一个人对自身存在的态度、观点与看法，是一个人行为、思想、表现背后的终极驱动力，属于一种自我认知。

有研究结果表明，人类有保持一致的倾向性。多数成功的运动员始终坚持固定的训练流程。

固定的训练流程可以确保运动员能够应对大多数情况。其实，不仅是运动员，对所有人来说，制定和坚持固定的日程都是有益处的，不仅能促进心理健康，还能提高认知能力。

他人对我们的看法也会影响我们的行为。试想，如果朋友说你总是一群人里吃得最健康的那个人，那在点菜时，你就更有可能避开炸鸡排而选择烤三文鱼。当别人说你总是最搞笑的、最时髦的或最这最那的人时，你就会调整自己的行为来印证对方的观点。你会尽力去贴近他们口中的那个你。

如果你还没有养成某种习惯，那从现在就开始吧。以前，我们认为养成一个新习惯只需21天，可研究结果表明，实际所需时间可能长达66天。

人们常常会在追逐目标的过程中形成某种习惯。目标会使人们拥有动力，或对人们产生吸引力。动力基于意志力产生，但意志力并不可靠。例如，我认为自己应该去健身，所以我会强迫自己去健身房。但是，吸引力却是基于结果而产生的：我必须减重10磅，这样我就能穿上婚庆礼服了。正如托尼·罗宾斯（Tony Robbins）常说的："想做的往往做不到，但必须做的却都能完成。"

对我来说，引诱我在月底完成100个俯卧撑的目标的原因是：我的姓氏Equalman，在大写首字母之后的部分看上去特别像一个超级英雄的名字。其实，无论写书还是演讲，我的部分工作就是帮助人们解

THE FOCUS PROJECT: THE NOT SO SIMPLE ART OF DOING LESS
**思考断舍离：** 如何依靠精准努力来达成目标

锁和释放自己独特的超能力。那么，在接下来的30天里，我该如何调整自己的心态呢？我必须拥有超级英雄般的体魄。超级英雄大多不会穿着肥大的裤子或笨重的外套。没错，似乎紧身衣更受他们青睐。因此，如果想偷懒躲过晨练，我就会问自己："超级英雄会偷懒不锻炼吗？"

与此同时，我还意识到保持身材也是我的工作的一部分。因为需要上台演讲，所以我需要像演员一样注重身材管理。在录制视频或拍照时，好的身材会让我更加上镜。而且，"上镜胖10斤"让我想起《老友记》（Friends）里的一句经典台词："究竟有几个镜头在拍他？！"

如果不能保持身材，我可能就会失去演讲的机会，收入减少，女儿们的大学学费可能没了着落。这么想也许很蠢，但能对我起到督促作用。我是在用意念控制身体。

虽然并非次次有效，但这个方法偶尔还是能阻止我向酒店大堂的饼干伸出"罪恶的手"，或打消我偷懒不去健身房的念头。

有研究结果表明，了解目标背后的原因会使人们更可能实现目标。这些原因当然越具体越好。例如，你之所以想减肥，可能是想穿上最喜欢的裙子去参加一场婚礼，或在高中同学会上光彩照人。

对我来说，保持身材就是为了下次去瑞典演讲时能穿上那条修身裤。

> 不要想着起点，要想着终点。
> ——尤塞恩·博尔特

### ◆ 快去刷牙 ◆

我在这里介绍一个小窍门，它对包括我在内的许多人都十分有效。当你想偷吃"不值一试名单"上的食物时，就立刻去刷牙。氟化物的味道再加上吃完还要再刷的麻烦，会使你打消偷吃的念头。出门在外，我总会随身带一把牙刷，因为我不想在台上演讲时，因为牙齿上沾着食物而出丑。每次吃完主菜后，我都会在服务员递上甜点菜单之前，忙不迭地冲向卫生间去刷牙。这是我打赢"与甜点之战"的制胜法宝。

### ◆ 咖啡究竟是不是保持专注高效的利器？ ◆

睡眠不足不仅会缩短人的注意力的持续时间，还会降低警觉性和积极性，影响一个人的整体表现。包括我本人在内的许多人，都有用咖啡提神的习惯。但是，咖啡中的咖啡因对我们到底是有益的还是有害的呢？

有研究结果表明，相比其他药物，咖啡因的效果相对有限。研究人员认为，咖啡因最常见的三种效果是：

1. 使人晚睡。
2. 消除疲劳与无聊。
3. 引发手部颤抖。

咖啡因还可以提高视觉和听觉的反应速度。然而，也有研究结果表明，咖啡因的提神作用只能持续3小时。而且，根据摄入频率的不同，咖啡因还会对人体产生不同的生理影响。

总之，虽然作用因人而异，但总体来说，即使摄入低剂量的咖啡因，也会对我们的情绪和表现产生影响。因此，像我这种经常喝咖啡的人就会认为，早晨不来一杯咖啡提神，恐怕一整天都无法高效工作

THE FOCUS PROJECT: THE NOT SO SIMPLE ART OF DOING LESS
**思考断舍离：** 如何依靠精准努力来达成目标

了。这究竟是我们一厢情愿的想法，还是实际情况确实如此呢？

我们都知道，咖啡因极易使人成瘾，长期摄入会导致大脑化学成分发生改变，这也正是在戒断咖啡因之后，成瘾者会出现疲劳、头疼、恶心等症状的原因。毫无疑问，咖啡因属于药物范畴。在戒断咖啡因24小时之内，我们的身体就会开始出现脱瘾症状。

症状起初轻微，表现为精神恍惚，反应变得迟钝，之后可能出现搏动性头疼，使人无法保持专注。肌肉疼痛或类似流感的症状也可能出现。大多数人并未意识到咖啡因是有化学成瘾性的，这也正是许多爱喝咖啡的人觉得自己离不开咖啡的原因。

请克制你对咖啡的热爱，这件事很难，但绝对有助于提升你的专注力。咖啡因会提升人体内压力激素的水平，所以减少咖啡因的摄入，我们就能更专注于重要的事务。确定你需要的睡眠时间，使身体得到充分的休息，将有助于减少对咖啡因的依赖。

巴塞罗那大学的一项研究结果表明，咖啡对男性和女性的影响是不一样的。男性通常在喝完10分钟之后，就会感觉到咖啡的作用；而女性需要35～40分钟才能感受到咖啡的"提神"效果，而且并不显著。饮用之后，咖啡的功效通常只能保持2～3小时，根据饮用者年龄和代谢能力的不同，这一时间会适当延长或缩短。

但是，咖啡对女性的慰藉作用是高于男性的。单是期待一杯咖啡带来的温暖，以及咖啡因将会带来的刺激体验，就足以令女性兴奋起来了。当研究人员给测试者提供无咖啡因咖啡后，男性测试者的机敏性只有轻微的提升，而女性则有明显的提高。

美国人还管咖啡叫"一杯乔"（a Cup of Joe）。此说法还要追溯到1914年。时任美国海军部长的约瑟夫斯·丹尼尔斯（Josephus Daniels）对美国海军下达了禁酒令。禁酒后，咖啡就荣升为美国海军士兵的最佳替代品。为调侃丹尼尔斯，人们便用其名字约瑟夫斯的缩写"乔"来指代咖啡，"一杯乔"自此融入美国文化之中。只是当时鲜有人知道，一小杯棕色饮品会令人多么欲罢不能。

找出最适合你的喝咖啡的方法。许多研究结果表明，每天喝一杯咖啡有益身体健康，但好东西并非多多益善，关键是要把握好度。

我的决定是，每周有一个"无咖啡日"，天知道这对我有多难！

我通常选择在上午日程很满或需要出差的那一天，不喝咖啡。如果上午工作繁忙，我就根本无暇享用咖啡，如果出差在外，咖啡的品质就得不到保证。我喜欢的咖啡，要如机油般丝滑，口感越纯正越好，香气越浓郁越好。这种咖啡，离了家就很难喝到了。此外，用纸杯喝咖啡也在我的"不值一试名单"中。用纸杯既破坏氛围，又影响口感，还毁了喝咖啡的惬意感。

## ◆ 健脑食品 ◆

老话说："吃什么，补什么。"这句话对我们的大脑尤其适用。大多数人只关注哪些食物有利于人的竞技表现、身材管理或健康管理，却很少有人去关注哪些食物最有益于大脑。

食用健脑食品，就像给滑雪板打蜡，可以使我们的大脑运行得更顺畅。最具健脑功效的食品有下面这些。

**牛油果**在所有水果中，蛋白质含量最高，而含糖量最低。没错，牛油果的确是一种水果。像其他身体器官一样，大脑也依靠血液流动来获取营养物质，而牛油果就能促进血液循环。这种神奇的小绿果还富含叶酸和维生素K，有助于专注力、记忆力等认知能力的提高。

牛油果

THE FOCUS PROJECT: THE NOT SO SIMPLE ART OF DOING LESS
**思考断舍离：** 如何依靠精准努力来达成目标

**蓝莓**富含大量抗氧化剂，能促进血液流向大脑。此外，蓝莓还能预防癌症、心脏病和痴呆症。进一步研究显示，蓝莓或许可以改善记忆力，是最具抗氧化能力的食物。

众所周知，适量咖啡因不仅有助于提升人的专注度和反应速度，还能提高敏捷性和警觉性。而**绿茶**含有适量的天然咖啡因。一杯绿茶含有约24～40毫克咖啡因，而一杯咖啡中的咖啡因含量往往高达100～200毫克。绿茶中含有茶氨酸，可以延缓咖啡因的功效释放，从而防止咖啡因引起中枢神经过度兴奋的情况。绿茶还能促进人体新陈代谢，具有燃烧脂肪的功效。

《神经学》(*Neurology*)杂志的一项研究结果表明：每天吃两种以上蔬菜，尤其是绿叶蔬菜的人，其专注力水平与比他们小5岁的人相当。**绿叶蔬菜**富含类胡萝卜素、B族维生素和抗氧化剂，有助于提升脑力。此外，绿叶蔬菜中的叶酸也能提高思维敏捷度。

**小窍门**：绿叶蔬菜颜色越深，健脑效果越好。

**高脂鱼**富含ω-3脂肪酸，有助于改善人的记忆力，提高思维能力和行为功能。缺乏ω-3脂肪酸的人更易出现记忆力衰退、情绪波动、抑郁和疲劳等症状。鱼类食品能使人提高专注度，保持情绪稳定。高脂鱼主要包括鲑鱼、鳟鱼、鲭鱼、鲱鱼、沙丁鱼和腌鱼。除此之外，食用鲑鱼还能保护我们的皮肤免受日光中紫外线的伤害。

April · Health
4月·健康

　　水可谓长生不老药。水可以为大脑提供思考和记忆所需的能量。经研究证实，水不仅有助于提高人的反应速度和思维清晰度，还能提高专注力和创造力。人体器官运行都离不开水，所以补充足够的水分是至关重要的。让我们起床后喝一杯水，来开启每一天吧。

水

　　没错！我们终于可以理所当然地吃黑巧克力啦。不过，这份"赦免令"中不包括那些添加了糖、玉米糖浆和牛奶的广受欢迎的巧克力。所以，面对"好时之吻"，我们还是无法大快朵颐。

黑巧克力

　　黑巧克力含有的镁元素能够促进人体分泌内啡肽和血清素等有益的化学物质，有助于舒缓压力，提升情绪，令人心情愉悦。

　　我们要尽量选择可可含量不低于70%的黑巧克力。黑巧克力初尝起来会让人觉得苦，但我已经逐渐适应了这种口味。想尝试两种"强强联手"的超级食物吗？先融化黑巧克力，再撒上少许亚麻子，铺上新鲜蓝莓，将其倒在蜡纸上，放进冰箱冷冻即可。

　　吃黑巧克力时，记住一句老话：好东西不在体积大。

　　亚麻子富含镁、B族维生素、ω-3脂肪酸和纤维素，有助于减轻体重、提高思维清晰度，继而改善专注力。此外，亚麻子还富含α-脂肪酸（ALA），这种有益脂肪酸能刺激大脑皮质，使人增强智力。亚麻子的食用非常简便，只需将其撒在谷物、酸奶、燕

亚麻子

THE FOCUS PROJECT: THE NOT SO SIMPLE ART OF DOING LESS
思考断舍离：如何依靠精准努力来达成目标

麦片或沙拉上食用即可。

**坚果**富含抗氧化剂维生素E，能够抑制因衰老引起的认知能力减退。一个人只需每日摄入微量维生素E便可达到这一功效。同时，坚果还富含植物精华油和氨基酸，也有助于提升专注力。在你的每日食谱中添加一些杏仁，可有效提高注意力与记忆力。核桃则可以极大地改善人的认知能力与记忆能力。每日吃一小把坚果效果最佳。

坚果

有一种非常畅销的T恤衫上赫然印着"无咖啡，不生活"。有些人离了咖啡，状态就迟迟出不来。**咖啡**含有大量咖啡因，能提升人的警觉度和专注度，但其实际功效还应根据具体情况分析。

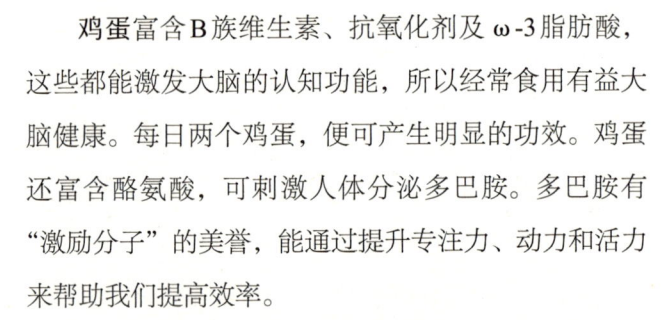

咖啡

**鸡蛋**富含B族维生素、抗氧化剂及ω-3脂肪酸，这些都能激发大脑的认知功能，所以经常食用有益大脑健康。每日两个鸡蛋，便可产生明显的功效。鸡蛋还富含酪氨酸，可刺激人体分泌多巴胺。多巴胺有"激励分子"的美誉，能通过提升专注力、动力和活力来帮助我们提高效率。

鸡蛋

"甲之蜜糖，乙之砒霜"，人们对**甜菜**可谓爱憎分明。研究证实，甜菜能极大地提升人的专注力。通过增加大脑的血流量和供氧量，甜菜能够显著提升人的大脑功能。此外，甜菜还具有抗疲劳的功效，进而激发人的运动表现。

甜菜

值得庆幸的是，大多数健脑食物也是超级食物——不仅健脑，也能健身，为我们的身心健康保驾护航。

## 早餐吃什么？——消灭你的决策疲劳

每天，我们都会面临决策疲劳。史蒂夫·乔布斯之所以每天都穿同一件黑衬衫，就是因为他能因此少做一项决定。

在实施专注计划的这一年中，我在家里吃的早餐都是一成不变的，这样我就可以少做一项决定了。这份健康早餐为我开启一天的工作，提供了充足的营养。

- 蛋白煎饼：将蛋白液倒入小平底锅中，适时翻面即可。
- 绿色冰沙（香蕉、蜂蜜、嫩菠菜、薄荷、青豆、菠萝、植物蛋白粉、奇亚子、水、冰块）
- 小点的牛油果
- 5颗樱桃番茄
- 几片无盐火鸡片

由于频繁光顾熟食店，那些好客的店员后来一见我进门，便开始切无盐火鸡片。

有一回，妻子和我一起去了那家店，我俩穿着相同的教会志愿者T恤。店员玛利亚姆问我："知道吗，店里还有一个姑娘跟你穿着一样的T恤？"

"噢，知道啊，那是我妻子。"我回答。

"我就说那是'无盐佬'的老婆吧！"玛利亚姆冲她的同事们喊道。

我在这家店点了许多次无盐火鸡，甚至由此得了个"无盐佬"的绰号。更搞笑的是，我的妻子也被迫成了"无盐佬的老婆"。

THE FOCUS PROJECT: THE NOT SO SIMPLE ART OF DOING LESS
思考断舍离：如何依靠精准努力来达成目标

## ◆ 像小学生一样去休息 ◆

下次午后犯困时，别再去猛灌苏打水、能量饮料、咖啡或茶了，起身去散散步或跑跑楼梯吧。佐治亚大学的德里克·兰道夫（Derek Randolph）和帕特里克·奥康纳（Patrick O'Connor）发现，10分钟的适度运动比50毫克的咖啡因（相当于喝一罐苏打水或一杯浓缩咖啡）更提神。

运动放松有益于身心健康，特别是室外运动，效果尤佳。此外，运动放松不仅有助于睡眠，还能打破困倦的魔咒，否则每当感到疲倦时，我们就会寻求咖啡因的慰藉，导致晚上睡眠不足，次日下午又不得不"故技重施"，陷入恶性循环。

久坐不亚于吸烟，同样是健康杀手。所以，在白天工作时，应尽可能地起身活动。散步式会谈就是一个不错的选择。将你的日程上的下一项会面改为边走边聊吧。适量运动不仅能使我们从坐在办公桌前的枯燥气氛中解脱出来，还能提神醒脑，效果远胜于咖啡。

## ◆ 晨练 ◆

只有五分之一的美国人达到了标准运动量。这主要是因为69%的人都将锻炼时间安排在下午，而到了下午还能按计划锻炼的人寥寥无几。

制订晨练计划将提高锻炼的可能性。早早出门晨练，并在家人起床前回家，可以为你留出与亲朋好友共度的宝贵时光。

早起晨练的其他好处还有下面这些。

**1.** 早餐前运动能促进脂肪氧化，继而加速脂肪燃烧。此过程能分解脂质（脂肪）分子，提高减肥的功效，缓减2型糖尿病的症状。

2. 在大多数地方，早晨更适宜运动。

3. 一大早就能收获成就感，会使接下来的一整天动力十足。

4. 只需洗漱一次。

5. 早早完成锻炼任务！

你不确定自己能躲过贪睡按钮的魔咒吗？你可以试试在睡前将运动服和运动鞋拿出来准备好。研究结果表明，这个简单的行为能提高锻炼的可能性。晨练之后，你会感到精力充沛，更有动力去完成接下来的任务。

选择最适合自己的日程和身体健康的锻炼方式。如果你还未尝试早起晨练，那不妨从这个月开始试试。

◆ 着装会影响你的专注力吗？ ◆

一旦忙起来，我们就不太有闲暇去在意自己的穿着。事实上，能穿着裤子冲出门就已经算是万事大吉了。然而，有一点我们必须明白，一个人的穿着会影响他的效率和专注力。

有些成功的商界精英喜欢穿便装。例如，马克·扎克伯格（Mark Zuckerberg）喜欢穿休闲装，他总是穿着一成不变的灰色T恤和牛仔裤去上班，因为他相信这样的着装能使他将注意力集中在更重要的事务上。史蒂夫·乔布斯总是穿黑色T恤和牛仔裤，这丝毫没有影响他成为商界最有影响力的领军人物。还有，维珍集团的创始人理查德·布兰

THE FOCUS PROJECT: THE NOT SO SIMPLE ART OF DOING LESS
**思考断舍离：** 如何依靠精准努力来达成目标

森从不打领带。

这些精英坚信穿便装更有利于提高效率，但也有些成功人士对此并不苟同。高级定制服装设计师罗伯托·里维拉（Roberto Revilla）认为："一般来说，你工作时的着装会对工作效率产生一定的影响。我有一位客户，在某公司担任首席执行官，他常说：'在办公室时，我的职责是处理公务，所以着装就应像商务人士。当我回家与孩子们在一起或参加橄榄球赛时，身份就不一样了。我从不会混淆这两种身份，因此我的商务装和休闲装也是分开放置的。'"

虽然人们对着装的看法各异，但研究结果表明，着装确实会影响我们的思考方式和信息处理方式。正如各位所知，我特别崇拜超级英雄。那么，我们怎样才能像超级英雄一样思考呢？英国赫特福德大学（University of Hertfordshire）的一项研究发现，当人们穿上印有超人或神奇女侠图案的T恤时，会觉得自己更强大、更自信。

科学家还进行过另一项研究，想验证所谓"着装认知"，即衣着对人的思维和专注力的影响。医生或实验员常穿的白大褂被普遍视为知识分子的象征，给人以勤勉和一丝不苟的印象。在冲突信息实验中，研究人员给部分被试者穿上了医生或实验员的白大褂，其余被试者依旧穿自己的服装。结果，那些穿上白大褂的被试者立刻变得更加专注和细心，他们的出错率只有那些没穿白大褂的被试者的一半。

登台演讲时，我基本都是同一套装扮——绿框眼镜、黑衬衫、白腰带、深灰色长裤、运动鞋。这使我不必分心去关注自己的穿衣搭配，而将更多的注意力放在观众和自己的舞台表现上。

所以，大家应该尝试在穿着上花点心思，因为衣着不仅影响他人对我们的看法，也影响我们对自己的看法和专注度。从现在开始，让我们找出最适合自己的穿衣方式吧。你喜欢笔挺的西服套装、白大褂、牛仔裤还是"神奇女侠"衬衫?

## ◆ 本章小结 ◆

### 本月大事

做总比不做强:哪怕在酒店锻炼10分钟也比什么都不做好。

### 本月得分:B-

虽然我在许多方面有了一定进步,但在睡眠、锻炼和饮食等方面,还需要更好地坚持下去。

### 关键要点

1. 找出你的垃圾食品触发物,并尽力避开(喝啤酒=吃玉米片)。
2. 找到能触发健康生活习惯的方法,并付诸实践(穿运动短裤睡觉=更容易早起晨跑)。
3. 凡事适度。
4. 参照物与食物相对论——我是将就吃这个,还是等一会儿吃更好的食物呢?
5. 偶尔用一块巧克力蛋糕犒劳自己——享受生活!关键是要确定这次放纵是值得的。不要把这种享受的机会浪费在"马马虎

THE FOCUS PROJECT: THE NOT SO SIMPLE ART OF DOING LESS
**思考断舍离：** 如何依靠精准努力来达成目标

虎"的食物（例如，随机派发的万圣节糖果）上。在享用之前，请自问："这个值得吃吗？""我真的饿吗？"

**6.** 多吃健脑食物，提高专注力。

宜
- 优质葡萄酒
- 优质比萨
- 巧克力
- 优质布里干酪

忌
- 白巧克力
- 飞机餐
- 劣质葡萄酒
- 蛋黄酱

# 5月 MAY

# 人际关系

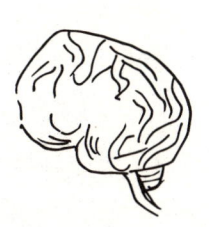

Relationships

THE FOCUS PROJECT: THE NOT SO SIMPLE ART OF DOING LESS
思考断舍离：如何依靠精准努力来达成目标

有一位知名大学的校长曾致信于我，表示他的师生都很喜欢我的书，他们的生活也因此受到了许多积极影响。鉴于此，他们学校想授予我名誉博士学位。

面对这样的殊荣，我受宠若惊。我从未奢望过能得到如此高的认可。这一天是值得庆贺的一天，不只是对我，对所有一路走来帮助过我的人也是如此——在这信任弥足珍贵的时代，感谢他们坚定地给予我信任，而我最终没有辜负他们。

学校决定将学位授予仪式安排在春季毕业典礼上。

毕业典礼那天，上台演讲的嘉宾只不过比我年长几岁，却已是联邦最高法院的法官。她谈吐不凡，令人印象深刻，演讲引人入胜。

要知道，台下密密麻麻的一片，不仅有应届毕业生，还有数千人是他们的父母和亲戚。我也曾在得克萨斯大学的毕业典礼上做过演讲，所以深知与年龄跨度如此之大（从青少年到他们的祖父母）的观众群体引发共鸣有多难。而且，老实说，大部分人都只盼望你快点讲完。

可是，这位可敬的法官却依旧娓娓道来："你们瞧，人的年纪越大，就越觉得岁月匆匆……6岁时，平安夜是漫漫长夜……而当你45岁时，仿佛刚刚收拾好圣诞节饰品，倒掉喝剩的蛋酒，眨眼间，广播里就又开始播放《铃儿响叮当》那熟悉的旋律了……"

一点儿不错，生日、纪念日、宗教节日这些日子总能提醒我们时光匆匆。我们也常常用这些日子来丈量自己的生命——例如，21岁生日，或10周年纪念日。这些日子会令我们驻足回望。啊！真的又过了一年吗？这一年我都做了什么？取得了哪些成就？是否比一年前过得更开心、更满足？我有没有帮助他人过得更充实？我在过去的一年完成了哪些事？有没有充分利用过去的50万分钟？

May · Relationships
5月·人际关系

岁月匆匆，每每回首往昔，我们常会自问：我是否专注于最重要的事物？

没人知道生命会在何时戛然而止。在荣获学位几周后，我就悲伤地意识到这一点。赠予我这一殊荣的可敬的托马斯·普莱格尔（Thomas Pleger）校长在48岁的年纪就英年早逝了。某天早晨，他一觉醒来，身体还丝毫没有问题。可是，当天晚些时候，他便稍感不适，去医院就医。经检查发现，他的脑部有一个肿块，需要立即动手术。几天后，他便猝然离世，给他的家庭和社会留下了巨大的遗憾。

在一生中，我们总有早早离世的亲友。他们的猝然离世无疑为我们敲响了警钟，提醒我们人生之旅应当拼尽全力奔跑，因为没人知道终点何时会悄然而至。

数百年来，世人始终谨记一句拉丁谚语——Memento Mori。马可·奥勒留（Marcus Aurelius）[①] 甚至将其刻在银币上，以此来时时警醒自己。这句话翻译过来就是"人终有一死"，警醒世人勿为琐事所困，应当充实过好每一天。其背后的深意在于，人们虽渴望成功，但也愿为征途中的美好事物驻足。死亡警示看似荒谬，但未知死，焉知生？"人终有一死"会营造出一种紧迫感，迫使我们对事务进行优先分类，赋予人生更多的意义。它提醒我们，时间是上天的馈赠，不应将其浪费在琐事上。死亡警示我们不应虚度人生，而应努力实现目标。

我的职业令我有幸一对一采访过一些世界上最成功的人士，从托马斯·弗莱格（Thomas Phlegar）博士到无所不能的全职妈妈、《财富》

---

[①] 马可·奥勒留（121—180），全名马尔克·奥列里乌斯·安东尼·奥古斯都（Marcus Aurelius Antoninus Augustus），政治家、军事家、哲学家，罗马帝国五贤帝时代最后一位皇帝。——译者注

THE FOCUS PROJECT: THE NOT SO SIMPLE ART OF DOING LESS
**思考断舍离：** 如何依靠精准努力来达成目标

世界500强企业的高管、初创企业的创始人、非营利组织的负责人、国家领导人等。他们有一个共同点，只专注重要的事，而非紧迫的事。对他们来说，最重要的当属人际关系，即与家人、朋友、邻居、伙伴、队友和同事的关系。你是否也专注最重要的事呢？记住，人终有一死。

这个月，我将专注深化人际关系。而任何关系的深化都有一个必要条件：精心时间……或称优质时间。例如，我和女儿们共进早餐，全程始终在浏览社交媒体信息，那这段时光就不能算作优质时间。

## ◆ "三"法则 ◆

> 友谊并非学校教授的课程。如果你还未了解友谊的真谛，就白去学校了。
> ——穆罕默德·阿里

吉姆·科林斯在《从优秀到卓越》一书中说，如果优先事项超过三项，那就等于没有优先事项。拉丁谚语"omne trium perfectum"的大概意思就是说"三个一组的事物皆完美"，或者说"三即全"。

作为一名作家和演讲家，我始终尽力遵循"万事皆三"法则。在与读者和观众的沟通中，这条法则就表现为一系列的三个事件或三个人物最能引人入胜，达到最幽默、最有效、最满意的表达效果。

也就是说，当信息被"打包"成三个一组进行传送时，观众更容易记住它们。其中部分原因在于三条信息是构成一个完整模式的最小单位。"万事皆三"法则还能产生朗朗上口的节奏感，因此常被应用于广告中，例如，家乐氏的"Snap, Crackle, Pop"和耐克的"Just Do It"。"三"法则使我们看见第一个词就很容易联想起其余信息。例如：

May · Relationships
5月·人际关系

- 生命权、自由权、追求幸福的权利。(《独立宣言》)
- 别跑，躺下，打滚。(消防安全知识)
- Veni, Vidi, Vici。(拉丁语，出自尤利乌斯·恺撒，意为"来之，看之，占之")
- 嗨！嗨！嗨！(圣诞老人)
- 圣父、圣子、圣灵。(《圣经》)
- 热血、汗水、眼泪。(巴顿将军)
- 善、恶、丑。(电影《黄金三镖客》)
- 培根、生菜、西红柿。(三明治经典搭配)

20世纪90年代末，亚马逊的创始人兼首席执行官杰夫·贝索斯曾致信董事会，概述了他心目中的企业愿景。贝索斯在信中表示，亚马逊若要保持卓越，需具备"一个最重要的因素"。

这个因素是什么呢？答案是设置极高的招聘门槛。贝索斯深知，在瞬息万变的互联网时代，没有杰出的人才团队，企业是无法立足的。而团队成员间的关系将决定亚马逊的最终发展轨迹。

贝索斯正是运用"三"法则来帮助招聘人员寻找优秀的团队成员。他让所有招聘经理在招聘过程中问自己三个问题，得到肯定答案之后再做定夺。这三个问题将确保他们招聘到"聪明、勤奋、热情的员工"。

1. 你是否敬佩此人？

想想那些令你敬佩的人，他们大多是你能够向其学习，以其为榜样的人。对我而言，我始终尽力与自己崇拜的人共事，希望我们的员工也能坚持这条原则。人生苦短，应尽力与敬佩的人在一起。

2．此人能否提升公司的平均工作效率？

我们的招聘标准必须不断提高。我会请员工设想五年后的公司状况。到那时，每个人环顾四周都会说："现在的招聘标准可真高啊！天哪，幸好我当时入职了！"

3．此人能否成为明星员工？

许多人有独特的技能、兴趣爱好和思想观点，这些能丰富我们的工作环境。这些特质往往与员工的工作职能无关。我们公司就有一位曾荣获全美拼字大赛冠军的员工。这项技能虽未必有助于她完成日常工作，但如果你在大厅偶尔遇见她，给她一个小小的挑战（例如，让她拼"onomatopoeia"），我们的工作氛围就一定会更轻松、更有趣。

贝索斯清楚，这三项要求有些苛刻，要找到合适的人选肯定不容易。不过，他也深知，要为企业"创造辉煌的历史"免不了要下一番功夫。

无论是在写作、演讲、销售还是面对人生的某个复杂挑战时，你都不妨试试"三"法则。

### ◆ 与世界分享你的天赋 ◆

人生的意义在于发现自己的天赋，而人生的目的则在于发挥自己的天赋。

对此，演员金·凯瑞（Jim Carey）在玛赫西大学（Maharishi University）的学生毕业典礼上是这样总结的：

我的父亲本可以成为一位伟大的喜剧演员，但他不相信自己能成功，于是选择了看似更安稳的会计工作。然而，在我12岁那年，他失去了会计这个"铁饭碗"，我们全家不得不想尽一切办法谋生。

我从父亲身上学到了很多，他对我影响最大的是：反正做不喜欢的事也会失败，还不如干脆做喜欢的事去搏一搏。

不过，父亲还教会了我其他的东西。我见识到父亲用他的热爱和幽默感深深地影响了周围的世界，我想这就是我应该做的，这就是值得我花时间去追求的。

父亲曾夸赞我绝非燕雀之辈，而是注定高飞的鸿鹄。他甚至把我当成他人生的第二春。28岁那年，我已经做了10年职业喜剧演员。在洛杉矶的某天夜里，我突然意识到我的人生目的一直是让人们摆脱忧虑，正如父亲那样。意识到这一点后，我便将自己的工作称为"排忧解难教会"（简称"解忧会"），全身心地投入其中。

那么，你们呢？你们将如何服务于这个世界？你们的天赋能满足世人的何种需求？这就是你们要想清楚的。作为一个过来人，我想告诉你们，一个人对他人施加的影响就是他最大的价值所在。

## ◆ 第二印象 ◆

第一印象很重要。有研究结果表明，一个人只需7秒便可给他人留下第一印象。许多人明白这个道理，但大多只知其一，不知其二：人生其实是由一连串第一印象构成的。即使相识20年的老友，每次见面时，最初的几秒钟依然会形成第一印象。在一生中，你会对同一个人产生数千次第一印象。第二次给他人的印象很重要，第七百次也是如此。当有求于妻子时，我现在依然会察言观色，要是她的脸色不太

THE FOCUS PROJECT: THE NOT SO SIMPLE ART OF DOING LESS
**思考断舍离：** 如何依靠精准努力来达成目标

> 奶酪、红酒和好友，时间越久味越有。
> ——古巴谚语

好，我就会识趣地走开。

以下5个简单动作有助于加强我们给别人的印象。

### 1. 让对方多说话

这个月，少说多听，要快快地听，慢慢地说。初识某人时，多问一些有关对方的问题，让他们感觉受到重视。有研究证实，人们乐于谈论自己。人们在谈话时，约有40%的内容有关自己的感受或想法。或者，正如戴尔·卡耐基所言："请记住，一个人的名字对其而言，是所有语言中最甜美、最重要的声音。"

倾听的另一个好处在于可以学习。听＝学。

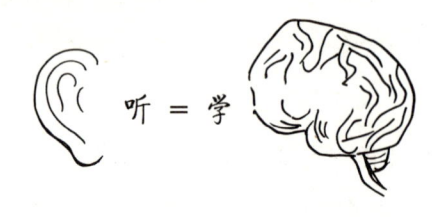

我们总是情不自禁地谈论自己。对此，有一个方法可以帮助我们将关注点转移到对方身上：简短回答他人的提问，然后再将同样的问题抛回给提问者。

### 2. 微笑

要让自己显得更加亲切可爱，最简单的方法便是微笑。有研究结果表明，当我们微笑时，对方会觉得我们更有魅力、更真诚。

以前，我误认为微笑会使自己看上去傻乎乎的，所以总是极力压抑自己爱笑的天性。我真的是一个爱笑的人，加里·维纳查克（Gary

Vaynerchuk）说我总是笑得露出满嘴牙。即使听别人讲悲伤的故事或坏消息时，我也要费好大劲才能使自己不面露微笑。我需要不停地在心中默念："哦，不，我觉得我好像还在微笑，憋住，憋住。"

> 如果看到你的朋友没有笑颜，那就冲他笑吧。
> ——谚语

如今，我将爱笑的天性当成一种天赋，而非缺点，我还要将笑意传递给全世界。

### 3. 示弱

在人际交往中，坦诚尤为重要，即使这意味着要承认自己的不足。对自身的缺点不卑不亢，比历数自己的优势更能打动人心。只有真正强大的人，才敢于承认自己的弱点。所以，开诚布公地谈论自己的不足，并向他人寻求改正意见以提升自我，可以成为我们身上最闪光的特质之一。

人们喜欢我们或我们的企业，并非因为我们完美无瑕，而是因为我们能够勇于直面自己的不足。所以，接受自己的缺点吧，承认自己的不足意味着我们愿意：

1. 承认自己的错误。
2. 提出解决方案。
3. 坚决改正错误。

### 4. 由衷赞美

良言一句三冬暖。真诚赞美他人会令对方产生愉悦感，从而对你另眼相看，不自觉地对你产生好感。不仅如此，赞美他人的人也会因

THE FOCUS PROJECT: THE NOT SO SIMPLE ART OF DOING LESS
思考断舍离：如何依靠精准努力来达成目标

此受益。有研究显示，无论是赞美方还是被赞美方，都会因赞美之词感到身心愉悦。

### 5. 讲故事

轮到我们讲话时，最好是用讲故事的形式。可能的话，提前准备一些能真正展现自己的人格和观点的故事。你可以把有趣的事、经历或玩笑记录下来，并时常翻看，这样在必要的时候，你就更容易回想起它们，令听众惊叹不已。当然，最容易取悦对方的永远是倾听。

## ◆ 我绝不从城墙上下来 ◆

无论你是否信奉宗教，听完公元前444年发生的一件事，你一定会有所收获。

当时，波斯国王是亚达薛西（Artaxerxes）。为避免遭人毒害，国王在饮酒前，会由专人先替自己尝酒，此人被称为酒政。亚达薛西身边的酒政就是尼希米（Nehemiah）。实际上，尼希米不仅是亚达薛西的酒政，更是他的密友和重臣——相当于今天的美国总统办公厅主任。

当得知故乡耶路撒冷蒙难，城墙被毁，城门被烧，各路领主肆意入侵，巧取豪夺时，尼希米悲愤交加，痛苦不已。可是，身在异乡的他，什么也做不了，只能急得干瞪眼。最终，他无法忍受，做出了一个大胆之举。

虽然与国王如挚友，但从本质上来说，尼希米只是国王的奴仆，既不能告假，也不能向国王提任何请求。尼希米苦苦祷告了许久，终于鼓足勇气，询问亚达薛西自己能否告假还乡一段时日，以帮助同胞重建耶路撒冷。

仁慈的亚达薛西不仅准许了尼希米的请求，还任命其为耶路撒冷市长（当时被称为犹大省长），条件是尼希米完成耶路撒冷的重建工作后便立即回到亚达薛西的身边。

抵达耶路撒冷后，尼希米发现圣城的情况比他想的还要糟，不仅城池被毁，居民也萎靡不振。于是，他下定决心重建城墙，不仅为了保家卫国，而且要唤起同胞的民族自豪感。

重建耶路撒冷是一项浩大的工程。尼希米号召周边城邦的民众勠力同心，共筑城墙，使圣城重新焕发荣光。这个故事并没有什么奇幻色彩，只是一个普通人坚持不懈、一心一意重建城墙的事迹。

尼希米团结了一切可以团结的力量，然后条分缕析地指出下面三条：

1. 问题所在
2. 解决方案（例如，修城墙）
3. 必须即刻解决问题的原因（例如，为何必须修城墙）

凭借自己的努力，他成功使全城居民凝心聚力。

虽然任务艰巨，但所有人为之兴奋不已，很快便取得了进展。可是，那些异邦人就兴奋不起来了，因为他们大多认为，一旦耶路撒冷强盛起来，必将成为自己的心腹大患。

在反对重建城墙的人中，叫嚣得最厉害的当属参巴拉（Sanballat）。他甚至派奸细散布谣言，打击犹大人重建城墙的积极性。眼见计谋未能得逞，参巴拉又派军队攻击筑墙的人。参巴拉的种种恶行延缓了工程进度，但尼希米依然坚定地率领民众筑墙，城墙越砌越高。

于是，心有不甘的参巴拉打算谋杀尼希米。他认为，没了尼希

THE FOCUS PROJECT: THE NOT SO SIMPLE ART OF DOING LESS
**思考断舍离：** 如何依靠精准努力来达成目标

米，其余筑墙的人就都会心灰意冷。

参巴拉派人给尼希米送信，请他到一个小村庄相会。尼希米明白参巴拉等人想害他，于是直截了当地回复参巴拉："我现在有要紧事，不能下去。"

这句话掷地有声。

想想那些你曾肩负的重要职责，那些每当你静下心来思考，总能牵动你心弦的重要的事。或许，你只是浅尝辄止。可是，如果你能像尼希米一样回答一句"我现在有要紧事，不能下去"，结果又会如何呢？

只要想想能像尼希米一样保持专注，就会令我们兴奋不已。例如，再有人在邮件中向我提出某种要求，我就可以立即回复：很抱歉，我目前正在专心写书，无法抽身处理其他事宜，请见谅。这是我的版本的尼希米式拒绝。想想你的版本是怎样的，感受一下这样的婉拒有多么美妙吧！

后来，尼希米继续回复："我现在有要紧事，不能下去。我怎能停下手头的事去见你们呢？"

参巴拉先后派了四拨人，用各种说辞骗尼希米下城墙，每回尼希米都以同样的话予以回绝。这不就像我们每天都会受到的"邮件轰炸"吗？唯一不同的是，今天别人要的不是我们的命，而是我们的时间。

如果尼希米没能专注重建城墙，而是下来与参巴拉会面，他可能就一命呜呼了。这给我们的重要启示是，不专注目标就可能毁掉我们的幸福，有时甚至毁掉我们的人生。

没错，你可以继续打高尔夫，看电影，追名逐利，继续与死党通宵玩闹，但你必须意识到在做这些事时，你是在做一项伟大的工程。当你与男友、女友、孩子或配偶共度时光时，别忘了对自己说："我正在做要紧事。"

May · Relationships
5月·人际关系

尼希米的敌人并未放弃。他们开始散播谣言，称尼希米筑墙是为了在犹大自立为王，建立帝国，与亚达薛西分庭抗礼。散播谣言者以为尼希米被逼急了会从城墙上下来为自己辩护，谁料尼希米不为所动，只说了一句："我不会从城墙上下来。"

接着，尼希米的朋友示玛雅（Shemaiah）（至少尼希米认为他们是朋友）又赶来对他说："尼希米，你知道你在城中也树敌了吗？这里的许多商人都是靠与城外的人做生意生活的，他们担心重建城墙会影响生意，所以打算趁你熟睡时谋害你。尼希米，为了你的安危着想，快去圣殿避一避吧！"

尼希米只是淡淡地说了一句："我不信你。我不会因为有人要在夜里杀我的谣言，就从城墙上下来。你们休想利用我对国王的忌惮而诱我下来，什么都无法令我离开城墙！我正在做要紧事，将继续留在这里。"

得益于尼希米的专注，他和筑墙大军只用52天便完成了工程。在荒废数百年的断壁残垣之上，如此迅速地建起一座城墙，令包括尼希米的仇敌在内的许多异国民众震惊不已。当他们亲眼见到崭新的城墙时，顿时泄了气。

对我们而言，我们已经知道要搭建的城墙是什么，也清楚那些引诱我们下去的因素是什么。有些人沉溺于电视，有些人过度依赖社交媒体，有些人酗酒，有些人沉迷电子游戏或观看电竞比赛，有些人追逐八卦新闻。有人同时追求多个目标，有人深陷家庭纠纷，身心俱疲。无论要将我们拖下城墙的力量究竟是什么，我们都应竭力留在城墙上。你要做的要紧事可以是：

- 专注于家庭。

THE FOCUS PROJECT: THE NOT SO SIMPLE ART OF DOING LESS
**思考断舍离：** 如何依靠精准努力来达成目标

- 完成剧本。
- 重返校园。
- 创业。
- 摆脱一段糟糕的关系。
- 偿还债务，令自己的财务状况步入正轨。
- 完成那个能使你的事业更上一层楼的项目。
- 为自己最喜欢的非营利组织提供志愿服务。
- 学一门语言。
- 养成更健康的生活方式，这样你就更可能看见重孙了。
- 参加马拉松训练。
- 其他。

无论你要专注做好的是什么，都别再混日子了。现在，你应该踩着梯子爬上城墙，即使知道坚守在城墙上并非易事，也要尽力一试。

你手中的这本书，正是帮助你坚守城墙的指南。像你们一样，我每天也经受着各种引诱我从城墙下去的诱惑。我在创作这本书时的目标，是每天坚持写一点——这就是我去年要建筑的城墙，可人生无常，我有时一连数日只字未写，甚至完全将写书这件事抛在了脑后。我虽一心想要保持专注，却总被从城墙上拉下来。

几个月过去了，我的专注力有了明显的提升，这是因为我有意训练自己坚守在城墙之上。当你顺着梯子登上城墙时，其实外界的一切都没有改变。你的时间没有增加，你的口袋没有鼓起来，你的资源也没有变多，唯一改变的是你的心态。缺乏时间或资源从来就不是问题的关键，关键在于我们没有分清主次。我们每天都会受到不同的干扰，但我们应该向尼希米学习，只简单地说一句："我现在有要紧事，不能下去。"

### ◆ 看见目标很重要 ◆

1952年7月4日，佛洛伦斯·查德威克（Florence Chadwick）开启了横渡卡塔利娜海峡（Catalina Channel）之旅，若能成功，她将成为首位完成这一壮举的女性。在全世界的注视下，查德威克顶着弥漫的浓雾，冒着被鲨鱼攻击的危险，在寒冷刺骨的海水中奋力地游着。

> 渴望唱歌的人总能找到曲谱。
> ——瑞典谚语

如果能够看到海岸，她原本可以成功，可精疲力竭的她最终还是选择了放弃。她每每透过泳镜看到的只有雾霭茫茫。因为看不到海岸，所以她选择了放弃。可是，她并不知道，当时她距离岸边只有0.5英里（约0.8千米）。她并非轻易放弃的人，未能坚持下去是因为看不到自己的目标。

"如果当时能看到海岸，我一定能完成。"两个月后，她向卡塔利娜海峡再度发起挑战。这一次，依旧困难重重，但天气晴好——她能够看清海岸，看清目标。当她最终昂首上岸时，有人告诉她，她打破了此前由男子选手保持的纪录，将成绩缩短了2小时。

由此可知，看得见目标，看得见我们想要到达的目的地，是十分重要的。

### ◆ 思维地图 ◆

思维地图是帮助我们归纳和处理信息的视觉辅助工具。作为一个视觉型学习者，我对思维地图是非常推崇的。将各种颜色、图像、符号和文字整合进地图中，有助于大脑建立相关信息的关联性。mindmapping.com 网站对思维地图的介绍是：

> 思维地图是一种非常高效的吸收和表达信息的方式。顾名思义，思维地图就是将你的想法像地图一样"绘制"出来。
>
> 思维地图将一长串信息转化为一张易于记忆的、高度系统化的图像，贴近大脑最原始的信息处理方式。
>
> 为便于理解，我们可以将思维地图与城市地图进行对比。市中心就代表基本观点；由此发散出去的主干道代表围绕基本观点的若干要点；辅路或支路则代表次级观点，以此类推。
>
> 你可以先将所有想法按顺序写下来，再重新整理。

诺贝尔奖得主罗杰·斯佩里（Roger Sperry）的研究就印证了思维地图的有效性，他发现人脑分为两个半球——左脑和右脑。

人的左脑负责文字、逻辑、数字，右脑负责图像、颜色、空间、节奏，而思维地图可以同时调动左脑和右脑。左脑和右脑协作越多，大脑的工作效率就越高。

有一项研究发现，思维地图能增强大脑的信息处理能力，有助于记忆的形成。在某一实验中，医学院的学生在使用思维地图之后，对具体事件的记忆内容增加了10%。此外，思维地图对于儿童的教育也多有裨益。它比单词表更能提升孩子的单词记忆能力——提高率高达32%。

总而言之，无论你是8岁还是80岁，思维地图都是一项既有趣又有效的辅助工具。

zzzz
人终有一死
应做事项
必做事项
Volunteer
Volunteer
Coffee
咖啡
黑巧克力
生活
外出钓鱼
求助
52
夜
事项
重要性
投入度
家庭
10分
3分
感觉不错
宜
优质葡萄酒
优质比萨
巧克力
优质布里干酪
忌
白巧克力
飞机餐
劣质葡萄酒
蛋黄酱

THE FOCUS PROJECT: THE NOT SO SIMPLE ART OF DOING LESS
**思考断舍离**：如何依靠精准努力来达成目标

### ◆ 坚持己见 ◆

我最喜欢的活动之一，是去教堂的主日学校①进行义务教学。坦白讲，我认为自己从中得到的收获甚至比孩子们还要多。如果你发现自己正在为未来发愁，不妨考虑一下：

1. 给自己放个假。这不是你的问题，每个人在一生中都会经历这样的迷茫期。
2. 帮助他人，或者去做义工。

我很喜欢在主日学校与孩子们共度时光，但毕竟要经常去各地出差，参加演讲和新书签售活动。因此，每当我去学校做义工时，总希望能被分到女儿们所在的班级，也会向校长提出这个请求。

然而，校方却总是安排我去小学男生的班级。因为不想让自己显得难说话，所以每次我都会接受安排。于是，我就只能把女儿们送到教室门口，再难过地跟她们道别。虽然帮助小男生也不错，但我更愿意多陪陪女儿。

这项专注计划令我重新审视生活的方方面面。而我要专注做好的头等大事便是多陪伴家人。因此，我给校长又写了一封邮件：

亲爱的凯莉，

能有幸去学校帮助孩子们，我与妻子都不胜荣幸！由于我时常去

---

① 主日学校（Sunday School），由教会开办的在星期日对儿童进行宗教教育和识字教育的免费学校。——译者注

各地出差，所以希望能在周末多陪伴女儿们，当然包括周日上午的上课时间。这样既不耽误我们陪伴女儿，又能帮助其他学生。如果有需要，我与妻子很乐意随时为以下学生上课：

- 二年级女生
- 三年级女生

之后，我们兴奋地得到了如下回复：

这是自然，埃里克，我完全理解你们。感谢你的来信，也感谢你与夫人长久以来对我校的帮助！

那个周末，我就被安排到小女儿的班上课。那是我在一周里最开心的时刻。

又过了一周，我收到了如下来信：

亲爱的埃里克，

你愿意这个周日去带三年级的男生班吗？

一看到这个信息，我的第一反应与往常一样——回复"乐意效劳"。旧习难改啊！不过，由于正在进行专注计划，这正好是我做出改变的良机。如果还像往常一样，那这个计划的意义在哪里呢？况且我还用另一句格言提醒自己：面对机遇（"你愿意带男生吗？"），如果不能果断地说"好"，就应当果断地说"不"。

在大多数情况下，最好的办法是语气强硬地拒绝。在这种情况下，出于对教会文化的了解，我认为强硬拒绝恐怕并非上策。

THE FOCUS PROJECT: THE NOT SO SIMPLE ART OF DOING LESS
**思考断舍离：**如何依靠精准努力来达成目标

所以，我将第一封邮件的内容复制粘贴，当作我的首次回应。

亲爱的凯莉，

能有幸去学校帮助孩子们，我与妻子都不胜荣幸！由于我时常去各地出差，所以希望能在周末多陪伴女儿们，当然包括周日上午的上课时间。这样既不耽误我们陪伴女儿，又能帮助其他学生。如果有需要，我与妻子很乐意随时为以下学生上课：

- 二年级女生
- 三年级女生

我很希望这个法子奏效，却未能如愿。我很快收到了回信：

嗨，埃里克！

感谢你的来信，更感谢你在百忙之中还愿意抽出时间来我校义务教学。不知你是否收到我的上一封邮件，能否在本周日给三年级的男生上课？

她这一步棋走得真妙啊！为了不被将死，我还真得动点儿心思了。于是，我回复道：

嗨，凯莉！

感谢来信！我很乐意这周日给三年级女生义务教学。所以，如果有带女生班的老师碰巧想去带男生的话，我很乐意为她们代课，替她们带女生，而让他们去带男生。如果有需要，敬请告知！

内疚和羞愧立刻笼罩了我。我算是什么教会义工啊？做义工还谈条件？这就好比我自愿去教会当义务泊车员，但声明只愿意在温暖的晴天出工。罪恶感和羞耻感轮番折磨着我。

于是，我把手伸进了装着这个专注计划的"魔法咒语袋"，然后抽出一张字条，里面的内容是：真正的改变总是艰难的。

为减轻负罪感，我不断提醒自己：我更擅长教女生，而且想教女生。同样，对男生来说，遇到一位真正想教他们的老师更好一些，他一定比我更擅长应付精力无穷的小学男生。

幸运的是，我很快得到了答复：

嗨，埃里克！

有位老师愿意教三年级男生，所以你可以去带三年级的女生了。

我仍然感到有些羞愧，但一想到能与女儿共度时光，加深与她和她的朋友们的感情，愉悦感已经盖过了一切。而且，能帮助教堂创新师资分配的方式，也令我感觉不错。

直至今日，女儿和我还时常谈起那天她与其他孩子的趣事。这些都是一辈子的回忆啊！想想看，要不是因为这个计划，我们根本无法拥有这样的经历。更妙的是，去带男生的那位老师经过此事，发现自己其实更喜欢教男生。

这可谓双赢。有时我们并不能够事事如愿，但当所有人都直率地坦露心迹时，你会惊讶地发现我们能得到的往往是对所有人都有利的最优解决方案（接下来，我会用"阿比林悖论"来进一步阐释。）

## ◆ 阿比林悖论 ◆

管理学大师杰瑞·B.哈维（Jerry B. Harvey）有一本书，名为《管理中的阿比林悖论和其他思考》（*The Abilene Paradox and other Meditations on Management*），着重介绍了被全球商务课堂广泛教授的"阿比林悖论"。

事情是这样的：

一个炎热的午后，在得克萨斯州的科尔曼（Coleman），一个男人和他的妻子、岳父、岳母正在家中惬意地玩骨牌。岳父突然提议开车去阿比林吃晚餐。妻子随即附和道："听上去不错啊！"丈夫虽然对顶着烈日长途驱车心存疑虑，但怕扫了大家的兴，所以硬是将这些顾虑压在心里，也附和说："我觉得

> 好的婚姻就是双方都认为自己是受益更多的一方。
> ——安妮·拉莫特

很好，只是不知岳母大人想不想去。"岳母立刻回应："当然想去，我很久没去阿比林了。"

于是，他们忍受着一路的高温和尘土，好不容易到了镇上，找到了一家餐厅。结果，餐厅的食物难以下咽，就像这趟旅程一样糟糕。晚餐后，他们驱车回家，累坏了的一行人怏怏不乐地回到家中。

岳母违心地说了句："这是一次很棒的旅行，不是吗？"其实，要不是看其他三人好像都兴致勃勃，她原本更愿意待在家里。她的女婿倒是说了实话："我本来在门廊玩骨牌玩得挺开心，也想继续玩下去，同意去阿比林全是为了迁就你们。"

他的妻子立刻回应："我跟着去完全是为了哄你们开心。这么热的

May · Relationships
5月 · 人际关系

天，我疯了才想往外跑呢！"岳父最终承认，他起初之所以提议去阿比林，是觉得其他人可能玩腻了骨牌。

大家都很纳闷，为何他们会共同做出一个没人想去的出游决定呢？本来所有人都更愿意舒舒服服地待在家中，享受午后的美好时光，可当时没人承认这一点。

这项专注计划的要点和目标，就是大胆决策、直抒己见，但真正做起来并不容易。想想岳母的处境：她其实是决策树的最后一环。现实中有多少人会像她一样呢？你是否常对自己说"行吧，我可不想成为唯一一个捣乱的"？

如实直接阐述自己的观点是很有必要的，因为我们每天都会面临许多潜在的抉择，它们每个都对应着无数可能性。

如果再遇到类似情况，岳母最好这样说："对我来说，最重要的就是一家人在一起，这样我就很满足了。所以，我很愿意继续待在家里，而且开车过去挺远的，天气又热，为何不改天再去呢？不过，如果只有我这么想，那我也愿意服从多数，与你们同去。"

请注意，她并没有说"这想法傻透了"或"我不同意"。相反，她只是陈述自己的观点，挑明她最看重的是什么（"一家人在一起"），同时没有令他人感到不悦（"和你们在一起令我很开心"）。此时，她起到的就是积极的引导作用。

下次召开家庭会议或公司会议时，请你务必营造一定的言论自由氛围，让其他人勇于说出自己的真实想法。福特公司的首席执行官艾伦·穆拉利（Alan Mulally）讲过一个故事，能很好地印证这一观点。穆拉利要求所有高管每周都必须召开企业提升会议，他在会上必须清楚地了解所有项目的开展情况。因此，他提出了"红绿灯法"，就像真正的红绿灯一样，所有项目都用红、黄、绿三色之一进行标示。

THE FOCUS PROJECT: THE NOT SO SIMPLE ART OF DOING LESS
**思考断舍离：** 如何依靠精准努力来达成目标

与会高管必须用绿色（一切顺利）、黄色（目前进展顺利，但需密切关注）、红色（出现问题）来标示重要项目的进展。在最初几次会议上，所有项目被标绿。

面对这样的情况，穆拉利哭笑不得，因为他临危受命，出任首席执行官的主要原因之一，正是由于企业经营困难，急需转型。可是，他的团队告诉他的恰恰相反——一切进展顺利，没有任何问题。

终于，在一次会议上，有人忐忑不安地提出了几个标红的事项。你猜穆拉利会如何反应呢？他非但没有斥责对方，反而开始鼓掌。在接下来的会议上，几乎所有项目都被标红。穆拉利指出，正是从那一刻起，企业开始取得重大进展，因为员工可以畅所欲言，毫无顾忌地指出企业存在的弊端。作为领导者，穆拉利营造了这种广开言路的开放氛围，从而精准地找出企业的病灶并果断对症下药。

恐怕你很少听到人说："我真的很敬佩那个人，因为我说什么他都同意，我不知道他的立场究竟是什么。多么伟大的好好先生啊！"但是你一定经常听到有人说："他的某些观点我无法苟同，但还是敬佩他，因为他敢于直抒己见。"

你要学会礼貌地表达自己的想法。当能够做到时，你会发现自己再也不用违心做根本不想做的事了。

### ◆ 害怕错过 ◆

对许多人来说，尤其是松鼠型的人来说，问题就在于每个机会似乎都是"不容错过"的。我们往往还在做着手上的工作，却被下一件大事吸引。具有讽刺性的是，在下一件大事出现之前，我们手上的本来也是"下一件大事"。

应该如何解决这个问题，同时不让自己感到错失良机呢？有一个方法或许有效，那就是充分意识到"先发未必有利"。

这个方法有违企业文化中的一个普遍观点，即先入市者必胜。其实，在现实中，反面例子比比皆是。例如，杰拉德·特里斯（Gerald Tellis）和彼得·戈尔德（Peter Golder）曾有一项著名的研究，对市场开拓者（先发者）和追随者（非首批进入市场的人）的成功率进行了比较。结果发现，开拓者的失败率高达47%，而追随者只有8%，前者高出后者近5倍之多。由此可知，耐住性子观望形势是有诸多益处的。这方面最典型的例子当属iPhone了。在iPhone发布之前，市场上已经出现了几款智能手机，其中名气最大的当属Handspring Treo 300系列。这款手机虽为智能手机，但外形依然是翻盖式，所以看上去像小砖块一样。

当时，我还有幸得到了这款手机的试用版。我还记得朋友们对我一通嘲讽："这手机像个大哥大似的，块头可真大。"他们一边咯咯笑着，一边翻开记事本，然后放在耳边假模假样地说："休斯敦，休斯敦，鹰已降落。"他们问我："为什么要用手机发邮件、看视频呢？"

就在此时，史蒂夫·乔布斯和苹果公司发布了iPhone，这部性能更佳、设计更前卫的智能手机由此彻底改变了手机市场的面貌。

具有讽刺性的是，此前，史蒂夫·乔布斯曾坚定表示"苹果公司永远不会卖手机"。有一位苹果公司的高管回忆："当时高管团队极力劝说史蒂夫，认为进军手机市场将极大地助力苹果公司的发展，但史蒂夫对此并没有什么信心。"

许多创业者和初创企业失败的原因之一，在于他们的理念不仅先进，而且过于超前，远远领先于市场需求，市场并未准备好接纳这类产品。追随者则可以持续观望，等待市场准备就绪之后再进入。领先竞争对手一年是至关重要的，但领先市场一年就不可取了。

> 黎明之前总是最黑暗的。

"先发优势"必然是有的,但做一名观望的追随者可帮我们克服"害怕错失良机"的心理,避免盲目跟风。商场争斗,往往都是持久战,要短期观望,长期坚守。

## ◆ 本章小结 ◆

### 本月大事

死亡警示:牢记"人终有一死"会令我们珍惜时间。死亡这一事实的存在会提醒我们,不要虚度光阴,而应努力去实现人生的价值。

### 本月得分:*B+*

这个月的经历令我醍醐灌顶。原来我在不知不觉中将最重要的亲情摆在了许多事情之后。这个月的改变是有效的。每通电话、每顿午餐、每段与亲人共处的时光,都令我精神振奋,它们提醒我,过日子就是好好经营人际关系。

### 关键要点

1. 每周邀请两位熟识的亲友会餐,向他们致谢。
2. 为自己未来的12个月画一幅思维地图。
3. 永远直抒己见(阿比林悖论)。

JUNE
6月

学习

Learning

THE FOCUS PROJECT: THE NOT SO SIMPLE ART OF DOING LESS
思考断舍离：如何依靠精准努力来达成目标

    女儿的生日将至，这正是检验我学习西班牙语成效的好机会。我的妻子的家族来自哥伦比亚，所以在生日派对上与那些说西班牙语的亲戚交流，将是我展示学习成果的良机。

    结果，这场派对将我打回到现实。我学西班牙语已经10多年了，可似乎还停留在入门阶段。女儿的生日派对给了我当头一棒，我意识到自己的西班牙语水平并没有什么进步。如果10年前你问我"给你10年时间，你能说一口流利的西班牙语吗？"，我会毫不犹豫地回答："十年？当然啦！我一开口你会以为我是夏奇拉①呢！"

    然而，学习语言长路漫漫，我还只是一个在摸索前行的门外汉。所以，在这个月，我打算全力以赴地学习西班牙语。这就是本月我的首要任务。它能很好地提醒我，当初开展这项计划的初衷。对多数人而言，专注于一个月比浑浑噩噩地过十年效果更好。

    切罗基族流传着一个古老的寓言故事。

    该族的一位首领给他的孙子讲人生道理，他对小男孩说："我的内心一直在上演着一场战争，交战双方是两只狼。一方代表恶，表现为愤怒、嫉妒、悲伤、悔恨、贪婪、傲慢、自怜、内疚、怨恨、自卑、说谎、虚荣和自满。另一方代表善，表现为喜悦、平静、热爱、安详、希望、谦逊、仁慈、同情、慷慨、真实、怜悯和忠贞。其实，每个人的内心都在上演着这样的战争，你也一样。"

    小男孩想了想，问道：

    "哪一只狼会赢呢？"

    老首领答："你喂它食物的那只狼。"

---

    ① 夏奇拉（Shakira），著名歌手，1977年出生于哥伦比亚，曾多次获奖。——译者注

June · Learning
6月·学习

显然，我喂给自己的西班牙语还不够。

我的妻子在家只和女儿们说西班牙语，而我想提高水平，就必须全家都说西班牙语。可是，妻子实在无法忍受我这菜鸟级的口语，我不怪她！

所以，最理想的方法就是去哥伦比亚与家人们待一个月——经受"烈火的洗礼"。在那样的环境下，西班牙语是唯一的通用语，可谓完全沉浸式学习了。

不巧的是，这趟哥伦比亚之旅最终未能成行。那么，不如退而求其次，去迈阿密与岳父、岳母住一个月。他们为人和善，又是孩子们的外公和外婆，而且岳母在家和朋友们只说西班牙语。这对我和女儿们来说，也算是半沉浸式语言环境了。

我还意识到，当我用外语学习应用软件多邻国（Duolingo）学西班牙语时，总是缺乏互动性，很难有实践的机会。后来，有一天，女儿们对这个应用软件产生了兴趣。她俩口语比我强很多，但我的阅读和写作能力还是在她俩之上的。于是，我们便一起使用这款应用软件，全家一起学果然有趣得多。

我还发现，当妻子在和孩子们或岳父、岳母说西班牙语时，我总是不自觉地屏蔽他们的声音，放弃了锻炼听力的好机会。我就像《花生漫画》里的一个人物，当大人在说话时，查理·布朗、史努比、露西和那帮小伙伴们听到的只有"balabala……"可是，现在，每当家里有人说西班牙语时，我会自动将"屏蔽模式"调为"收听模式"。

起初，我以为所谓"沉浸式"，

> 任何人，无论是20岁还是80岁，只要停止学习，就是走向衰老。而坚持学习的人则永葆青春。人生最重要的事就是保持思想的年轻。
> ——亨利·福特

只要说西班牙语就行了。可是,我很快就意识到,要学好西班牙语,我的所有交流都必须使用西班牙语。这种程度的专注的确有助于提高我的学习曲线。过去我给妻子发短信都是用英语,现在得打破这一惯例了。

这一改变的成效很快便显现出来——学习也变得更有趣了!以前,家人用西班牙语发的信息我都直接无视,现在,我不仅把它们读出来,而且碰到不熟悉的词汇和语法,还会去查字典。

当然,我偶尔也会出错,但这些错误反倒成了我们家的欢乐之源。有一回,我想表达的是我有一个朋友总是能打听到最新的八卦新闻。然后,我就用西班牙语发了信息,我以为我写的是"她对八卦新闻了如指掌"。结果,我误用西班牙语词汇,翻译过来成了"她真是个长舌妇"。这真是贻笑大方了。

可笑归可笑,当大家看到我无比认真地学习西班牙语时,都会不遗余力地给我提供帮助。

### ◆ 只要有效就去做 ◆

有一天,女儿放学回家,我们进行了如下对话。

我:　今天过得如何?准备准备就出发吧,我们会是最早赶到克洛伊生日派对的人。

索菲亚:派对一定棒极了,有独角兽、美人鱼,还有巨大的水上滑梯。可是,爸爸,我得先练15分钟钢琴!因为凯伦夫人让我参加"百日练琴挑战",我已经坚持43天了,不想中断。

我：　　当然，太好啦，去完成第44天的挑战吧！等你练完我们再出发。

回想起这段对话，我才意识到：一、凯伦夫人真有一套——既培养了女儿的责任心，又令她爱上了练琴；二、凯伦夫人的挑战和这项计划有异曲同工之妙，都是利用了运动中的物体（人）总保持运动惯性的趋势。

我使用的外语学习应用软件也有游戏化设计，即签到打卡。如果有一天没有学习，我的打卡记录就会被归零。

当然，你也可以花钱补签，有政策就有对策嘛！我的许多朋友就这么干。从原则上讲，我不允许自己花钱补签，这不是自欺欺人吗？不过，如果连续签到超过10天，那就让道德原则见鬼去吧！

我们都想保持前进的势头。无论是用软件坚持学习西班牙语，连续戒巧克力40天，还是女儿要接受百日练琴挑战，坚持每天练琴15分钟，我们都需要一鼓作气地坚持下来。所以，无论用什么方法，只要能让你保持前进的势头，就去做。

对大多数人而言，彻底转变心态势在必行。我们需要变"想做"为"必须做"。10年来，我一直想学西班牙语，如今认识到自己必须学好西班牙语。如果哪一天我们身处南美洲，女儿们突然遇到危急情况，周围人都在用西班牙语冲我喊，可我却听不懂，那可怎么办呢？我可能是导致女儿们重伤甚至死亡的罪魁祸首啊！

我必须转变心态：

从"我<u>想</u>学西班牙语，以提高与家人的沟通能力"

转变为

"我必须学好西班牙语,以尽可能成为最称职的父亲、丈夫和家人"。

心态的转变让我的语言学习取得了飞速进展。

这个月还有一个意外收获,有研究结果表明,说双语者比只掌握一门语言的人更善于集中注意力,保持专注。

> 我没有时间给你写一封短信,所以写了一封长信。
> ——马克·吐温

## ◆ 楔石 ◆

我曾想过,用一个月时间,每天练习打高尔夫球,看看我究竟能达到什么水平。不过,要列入专注计划,这件事还不太够格,但我希望它能进入下一期计划中。

我认识一位职业高尔夫球员,他在韦尔斯利镇的一支女子高尔夫球队担任教练。他说,他刚接任时,球队的平均成绩是101杆打进18洞。可他仅用一年就将这一数据降到了81杆。这可是不小的进步啊!

他的秘诀是什么呢?训练6天,有5天是专门练短球技术的(切杆和推杆)。多数人在打高尔夫球时,都会无意识地把球往尽可能远的地方打。摆球、挥杆,看球飞出去,这是一个特有意思的过程。相比之下,切杆和推杆就显得枯燥无味多了。

相比球员,教练的重点正相反,所谓为表演开球,为获胜推杆。在6天的训练中,教练会用5天时间让球员练习切杆和推杆。

实际上,无论做何事,有多少人只是在耍花拳绣腿,没有专注,

June · Learning
6月·学习

为成功夯实基础呢?

无论你想提升切杆水平还是学好一门外语,首先要明确"楔石"是什么。在拱形建筑结构中,楔石是最重要的一块石头,用来保持结构的稳定性。对高尔夫球而言,短球技术就是楔石。

楔石常被用来形容事物最重要的部分。所以,我们应该:

1. 确定任务的楔石是什么。
2. 专注做好这一部分。

如果你想省钱,那关键可能是要扔掉信用卡或不买名牌鞋。如果你想拓展商务人脉,那关键可能是要每周安排5次商务会餐。

学西班牙语的乐趣,在于不断掌握新词汇。然而,我意识到增加词汇量并非是学好西班牙语的楔石。学语法虽然枯燥,但对提升西班牙语水平是至关重要的。

## ◆《大富翁》作弊攻略 ◆

说到《大富翁》这款桌面游戏,相信大家都耳熟能详,其开发公司孩之宝(Hasbro)一直致力于创造更大的品牌效益。多年来,该公司在原版游戏的基础上陆续开发了多个版本,口碑都不错。但是,当企业将关注点从内部转向外部时,却意外取得了重大发现。

在对用户开展调查后,企业震惊地发现超半数用户在玩《大富翁》时都会作弊。这一数据乍一听很吓人。请各位想想:你认识的人中,有哪些人曾在玩这个游戏时作弊,你自己肯定也在其中吧,不是吗?!

基于这一发现,孩之宝公司专门开发了《大富翁作弊版》。此版本

THE FOCUS PROJECT: THE NOT SO SIMPLE ART OF DOING LESS
**思考断舍离：** 如何依靠精准努力来达成目标

> 纵使你知道一千件事，也要请教只知一件事的人。
> ——土耳其谚语

一推出就成为该公司100多年的历史中最成功的一款游戏。

你可以找一件（或想象自己有一件）T恤，将它翻个面。多数人和企业都会陷入由内而外的思维模式，而不善于由外而内地思考。你可以找一些朋友或家人，询问他们站在你的立场上会怎么做，这有助于你充分参考外部信息。对你了如指掌的他们会建议你专注做哪些事呢？这个月是专注学习的一个月，而学习的最佳途径之一便是吸收外部观点。这显然也是孩之宝的成功之道。

### ◆ 史蒂夫·乔布斯为何在家中禁用 iPad ◆

费罗·泰勒·法恩斯沃斯（Philo Taylor Farnsworth）从小就梦想着创造一个更美好的世界。14岁时，费罗就曾设想将光捕获进空瓶中，然后将其传送出去。1927年，21岁的费罗成功实现了电视信号传输。之后，他又进一步将传输内容提升为全电子电视图像，使妻子佩姆（Pem）的图像成为第一个被传输的人类图像。瞧！佩姆出现在电视屏幕上啦！

费罗对电视热爱至极，相信它拥有改变世界的无限可能，他认为电视能改变整个教育系统。其妻佩姆说："费罗视电视为了不起的教学工具。文盲将再也没有借口。父母可以在电视前和孩子一起学习。所有新闻和体育赛事都可以即时收看。"

这项新发明令费罗兴奋不已，他说："看到音乐家演奏的画面，会使交响乐拥有更丰富的内涵。如今，我们坐在自家的客厅就能收看教育影片了。有朝一日，我们将能看到并了解其他国家的人。若各国人民能增进彼此的了解，那就能通过协商而不用付诸武力来解决争端了。"因此，从本质上来说，电视能够打破文化壁垒。

然而，随着电视的发展，费罗的观点发生了转变。他对电视节目的商业化失望至极。就像乔布斯不允许子女使用iPad一样，费罗也不允许儿子肯特（Kent）看电视。后来，肯特在回忆父亲对电视的观点时说："可以说，他认为自己创造了一个怪兽，使人荒废了大量宝贵时光。起初，父亲认为电视可以帮我们拓宽眼界，丰富人生，可随着电视的发展，其负面作用也逐渐暴露出来了。父亲意识到，有了电视，人们都舒舒服服地待在家里，反而不愿走出家门，去探索周围的世界了。"

今天，有更多的媒体和社交工具会分散我们的注意力。这些工具本身并无坏处，它们其实可以成为很棒的学习工具。问题是，我们在使用这些工具时往往漫无目的。我们并未赋予它们特定用途，只是盲目地用它们来打发时间，这样就很容易陷入费罗所指的陷阱中。

有意思的是，如今，社交媒体和电子游戏又取代了电视，历史再次重演。作为《社群经济学》一书的作者，我是崇尚科技的。与费罗一样，我对科技的向往也是源于其教育功能和实现全球互联互通的可能性。人们越了解彼此的文化差异，就越能远离战争，通过其他和平手段解决分歧。

包括电视在内，所有这些科技手段都是一把双刃剑。费罗不准儿子看电视，史蒂夫·乔布斯不准子女用iPad。乔布斯说："我们不允许孩子们在家里使用iPad，这对他们来说是很危险的。"显然，乔布斯深知使用iPad极易成瘾。

在使用技术手段时，我们要学会扬长避短。这就好比刀是一把利器，可以用来切割食物，或用来防身，或用于做手术（手术刀）救死扶伤。但是，刀也可以被用来害人性命。这是否意味着

> 不想学习，谁都帮不了你。而一旦决心要学，谁都拦不住你。
> ——金克拉

THE FOCUS PROJECT: THE NOT SO SIMPLE ART OF DOING LESS
**思考断舍离：** 如何依靠精准努力来达成目标

刀就要被彻底禁用呢？当然不是，但这也不意味着我们应该让幼童拿刀。可是，我们对技术的态度就是这样的。无论是幼童还是老者，对技术的使用一定要有针对性。

## ◆ 本章小结 ◆

### 本月大事

"完全沉浸式"往往是最佳的学习方法；要记住，这样的机会很难得，不要苛求完美，但求能有进步。

### 本月得分：B-

这个月的表现依然不错，之所以没能得到A，有三个原因：一、我没能完全沉浸在学习之中；二、我的语言天赋不足，还需格外努力；三、有时家人用西班牙语交谈时，我的大脑还是会开小差。

### 关键要点

1. 当我们完全专注于某事时，会不禁将身边的一切都与之联系起来，这被称为选择性注意。举个例子，如果我们专注学习西班牙语，那我们似乎随时随地都有练习的机会——看电影的时候可以用西班牙语复述里面的台词，或在咖啡店与说西班牙语的店员攀谈。
2. 变"想做"为"必须做"。

JULY
**7月**

**创造力**

Creativity

THE FOCUS PROJECT: THE NOT SO SIMPLE ART OF DOING LESS
**思考断舍离：** 如何依靠精准努力来达成目标

这项计划的目的，是让我们专注于能给我们带来快乐的事物。生活中有些事是不得不做的（如纳税），除此之外，如果某些事不能给我们带来快乐，我们为何还要做呢？

具有讽刺性的是，当我们做喜欢的事时，就会变得专注。有人称之为"进入状态"或"才思泉涌"。

无论是创建企业、组建团队、创作剧本还是设计汽车，都是创造性活动，而有关于创造的基本概念，我们从小都被灌输了一个错误观点。多数人小时候都练过某种乐器或体育运动，从幼儿园时期开始，我们就常常听到这么一句话——熟能生巧。遗憾的是，这句话根本不对。如果按照错误的方法练习，就只能养成错误的习惯。例如，投篮，如果我不像在球场上一样保持专注度，而是心不在焉地投50次篮，那就是在养成不好的习惯。

曾捧得过超级碗的美国橄榄球联盟（NFL）四分卫德鲁·布里斯（Drew Brees）就深谙正确练习的道理。与他搭档的外接手马奎斯·科斯顿（Marques Colston）曾说：

我对布里斯最深的印象，就是他对训练的一切都有强迫症似的。他反复调整每个细节，要求一切必须完美。我们会不停地配合跑出一些线路，直到他觉得上场应该有十足的把握了……我还记得，他每天都保持着相似的日程安排，若出现变化就会明显显得分心。

起初，你会觉得荒唐，但看到他取得的成功，你就能理解了。你会明白那些一丝不苟的训练究竟意义何在，你会对他钦佩不已。这就是我从他身上学到的——保持高标准的训练，日复一日地坚持下去。现在，我也一样，如果训练节奏被打断，我的竞技状态也会受到影响。这种习惯已深深烙印在我的生活中。

July · Creativity
7月·创造力

太多时候，我们只是在应付了事，走过场，因为我们觉得这是我们不得不做的，或父母、上司和社会要求我们做的。而且，关键是，每个人都能看出我们在敷衍塞责。你唯一能骗到的只有自己，而这其实是你最不该骗的人。

无论职业如何，教师也好，首席执行官也罢，都经常落入自我欺骗的陷阱中。

无论何时，永远不要敷衍应付。熟能生巧未必正确，相反，在努力开拓进取之时，你要牢记——只有正确练习才能带来进步，错误练习只能带来问题。错误练习可能使你养成不良习惯，伴随终生。

> 只有正确练习才能带来进步，错误练习只能带来问题。

要正确练习，最简单的方法之一就是做自己喜欢做的事。著名神学家约瑟夫·坎贝尔（Joseph Campbell）将其称之为"追随内心的喜悦"。

金钱买不来快乐，也买不来时间。这项专注计划的一大目标，便是找到更好的时间管理方法，释放出更多的用于创造性思考的时间。比尔·盖茨曾表示，他从沃伦·巴菲特身上学到的最重要的一件事就是如何充分利用时间。

巴菲特说："只要是我想要的，我都能花钱买到，唯独时间不行。"

"无论是谁的一天，都只有24小时，巴菲特深知时间之宝贵。所以，他从不会为无效的会议所累，而是将时间留给他真正重视的可以拓展关系的与他人的会面。他只愿花时间与对他来说最重要的人相处。对于信赖的人，他从不吝惜时间与之相处。"盖茨如此说道。

在一次双人采访中，盖茨回忆起第一次看到巴菲特的小日历本和预约簿的情景。

THE FOCUS PROJECT: THE NOT SO SIMPLE ART OF DOING LESS
**思考断舍离：** 如何依靠精准努力来达成目标

巴菲特把他的小本子递给记者，让记者翻看。

记者前后翻了个遍，结果惊讶地说道："基本上是空的啊！"

"没错。"巴菲特回答。

"小心着点，这可是尖端科技，你可能不懂。"盖茨打趣道。

记者又继续翻看到4月的日程，发现整个4月一共只列出了三个事项。巴菲特补充说："可能到了4月，也许会多出一项。"

盖茨表示："过去，我的日程总是排得满满的，一分钟都不浪费，是巴菲特教会了我思考的重要性。"

"要学会掌控时间，"盖茨继续说道，"静坐冥想也许比会见首席执行官重要得多，因为你总有做不完的事和见不完的人。满满当当的日程表并非就是认真工作的表现。"

这里又是一个参照和对比的问题。巴菲特将大部分日程表都空着，这样不仅可以把时间留给像盖茨这样对他来说真正重要的人，也可以给自己留出深度思考的时间。

理查德·布兰森（Richard Branson）与盖茨和巴菲特英雄所见略同，他的建议是："在日程表中留出空想的时间，把空想当成与会议一样的常规事项。太多人被工作压得喘不过气来，根本无暇去思考和感受。你可以花五分钟、一小时、一天甚至放个假来放松思绪。若能空出一些自由思考的时间，你就更容易拓宽自己的视野。"

巴菲特和布兰森的观点也得到了斯坦福大学同情与利他主义研究及教育中心（Stanford University's Center for Compassion and Altruism Research and Education）的科研主任艾玛·塞帕拉（Emma Seppälä）的证实。

塞帕拉表示："从文森特·梵高到坎耶·维斯特，在大众的想象中，艺术家的形象往往是郁郁寡欢、饱经磨难的。然而，有研究结果

July · Creativity
7月·创造力

表明，创作的关键与痛苦无关；相反，最具突破性的想法往往是在身心放松的情况下产生的。历史表明，许多杰出发明家都是在'放飞思绪'时产生灵感的。简单说，创意往往是在思想不集中、空想或遐想时产生的。这就是我们在洗澡时总能有奇思妙想的原因。"

在日程表中留出空闲时间或"异想天开"的时间，或许是最高效的时间管理策略。对此，本人深有体会。每当我写作时，适当的空闲时光总能帮我拓展思路。

参照和对比法同样有助于写作。如果我在飞往越南的航班上，而这段旅程需要15小时，我就会花更多时间写作而不是追剧。请不要误会，我刚才提到空闲时间的重要性，所以更要合理地安排时间，其实就是平衡。例如，我不会一口气看10集电视剧，而是只看2集，达到最佳放松效果，再投入工作。

当意识到没有浪费时间，却依然在虚度时间时，我才真正领悟浪费和虚度时间有很大的不同。我们虽然没有偷懒，但最终和那些偷懒之人的进度差不多，也没能达成目标。更糟的是，我们所做的还不是自己喜欢的事。其实，我们陷入了一个思维陷阱，误以为不闲着就会进步。

> 有时几十年风平浪静，有时几星期历史发生改变。
> ——弗拉基米尔·伊里奇·列宁

### ◆ 短信沟通 ◆

有一回，我们和东海岸的知名汽车品牌客户约好了进行电话会议。当时，我身在旧金山，上午10点左右要与时任美国国务卿康多莉扎·赖斯（Condoleezza Rice）一起登台演讲，所以会议被安排在一大早。

我在酒店健身房收到团队发来的短信，说客户取消了电话会议。

THE FOCUS PROJECT: THE NOT SO SIMPLE ART OF DOING LESS
**思考断舍离：**如何依靠精准努力来达成目标

谢天谢地，我又空出了45分钟。

接着，团队又开始给我发短信，分析不打这通电话可能造成的损失。我一边踩着动感单车，一边读这些信息。我们应该给客户发邮件吗？我们在邮件里说些什么呢？我们的团队素质过硬，年轻有活力，更喜欢发短信而不是打电话沟通，虽然有些情况下发短信更合适，但如果打电话能更快解决或发邮件更合适，用短信沟通就显然欠妥。我看了一眼手表，发现我们已经来来回回发了50分钟短信了，还不如直接开会更方便、高效！

我常说，要锻炼自己口头拒绝和文字拒绝他人的能力，可知易行难，因为并不是所有问题都能立即回答，有些甚至没法回答。所以，我需要停下来问自己："这个问题需要答复吗？"答案往往是否定的。如果真的需要答复，我就会加上一句："如果我的回答不够清楚，请回电话。"

我突然领悟的道理：快快地听，慢慢地说。

### ◆ 从 Bourbon 到 Instagram ◆

Instagram 的创始人凯文·斯特罗姆（Kevin Systrom）对 Instagram 发展史上的那个重要时刻依然记忆犹新。Instagram 的前身是一个叫"Burbn"[发音类似 Bourbon（波本威士忌）]的地点打卡应用程序。这个应用程序并不成功，公司很快入不敷出，打算遣散所有员工，关门了事。用户对这个应用程序的许多功能不感兴趣，唯独一样例外，他们喜欢上传自己的实时动态照片。这与当时推特的理念不谋而合，只不过 Burbn 的用户不是发文字动态，而是用图片来更新状态——毕竟一图胜千言。

July · Creativity
7月·创造力

每当失败时，我们总是倾向于继续添补，这就好比是往沉没的泰坦尼克号的甲板上加椅子。可当"Burbn号"下沉时，"船长们"却反其道而行之。他们开始删繁就简，也就是把甲板上的椅子都扔掉。

此举实属不易。

对创始人来说，这些东西就像他们的"孩子"，如今却要亲手舍弃。这是他们投入高昂的时间和金钱成本、耗费大量心血的成果啊！剥离这些功能的过程是痛苦的，但他们做到了。他们删除了许多东西，只保留了图片功能。大家都认为他们疯了，就连斯特罗姆亲近的人也这么想。有天晚上，斯特罗姆与妻子在沙滩上漫步，他问妻子对这个全新的应用有何期待——当时还未取名Instagram。

妻子：　　我可能不会用。

斯特罗姆：为什么？

妻子：　　嗯，因为我的图片没有你和你朋友的那么好看。

斯特罗姆：我们的好看只是因为用了滤镜。

妻子：　　那么，或许你可以在新程序里加上滤镜功能，这样我可能就会用了。

那天晚上，斯特罗姆编写了Instagram的第一个滤镜（X-Pro II）代码。他解释说："做好你擅长的事就是最重要的。成功的企业家在许多方面都不行，他们就专注做好最有用的事。做好这件事，抵过其他千万件事。不要左顾右盼，要把一件事做到极致。"

滤镜功能大受好评，Instagram火了起来——激增的网络流量甚至使服务器不堪重负。他们需要增加服务器来应对数据量激增。本来复制粘贴简单的代码就行，结果他们选择了更强大的软件解决方案。

THE FOCUS PROJECT: THE NOT SO SIMPLE ART OF DOING LESS
**思考断舍离：**如何依靠精准努力来达成目标

他们认为，这个软件是最适合处理眼下流量激增问题的。然而，这个软件极难运行。数周后，虽然他们花了大量时间调试、研究，可软件依然无法正常运行。

又过了数日，斯特罗姆的联合创始人、一位顶级程序员花2小时编写了一套简单代码，便搞定了这个问题。斯特罗姆这才意识到，自己平白无故找了一通麻烦。从一开始，他就应该直接编代码解决问题，那样省时、省钱又省力。

虽然经历了小小的波折，Instagram的热度依然未减。最终，斯特罗姆和仅有的13名员工将Instagram卖给了脸书，成交价是10亿美元，每个员工约7700万美元。

多年后，在回忆自己的成功经验时，斯特罗姆说："人啊，总是会把简单的问题复杂化。"

> 我的作品是水，其他文学家的作品是酒。人可以不喝酒，却不能不喝水。
> ——马克·吐温

## ◆ 权力的游戏 ◆

21世纪最具商业价值的小说家之一，却将自己的成功归因于对20世纪的固守，尤其在科技方面。

乔治·R. R. 马丁（George R. R. Martin），1971年毕业于美国西北大学，获新闻学硕士学位。毕业13年后，他的第一部小说才问世。如他所言，他的第四本小说完全是一场灾难，毁了她当时作为小说家的职业生涯。从那之后，他开始靠为影视剧编剧谋生，直至1991年才重新提笔开始创作小说。有了数百万字的文字积累后，他开始崭露头角，创作了奇幻系列小说《冰与火之歌》（A Story of Fire and Ice），该系列的第一部名为《权力的游戏》(*A Game of Thrones*)，翻拍后成为历史上最受欢迎的电视剧之一。

马丁的这部系列小说近200万字，还在继续创作，他使用的是一款非常古老的文字处理软件，多数人未曾听说过。他使用的WordStar 4.0软件产生于1977年，1999年最后一次更新——都是20世纪的事了。他写作用的电脑装着DOS系统——没错，就是那种绿屏操作系统，不能上网，当然就没有干扰。他的工作室甚至不与居室连通，是独立的。

马丁解释，写作软件和工具的简朴使他能够保持专注。

是这样，我是一个古板的人，这在朋友圈里尽人皆知。我属于20世纪，而不是21世纪。没错，我有一台电脑，用了20年，虽然我会用装着Windows的笔记本电脑上网，但在写作时，我还是会用那台装着DOS系统的旧电脑，用WordStar 4.0来写稿，这款软件堪称文字处理软件中的杜森博格①（虽古老，但性能无与伦比）。我有自己的个人网站，由他人负责运营，在LiveJournal网站上也注册了账号，但我称自己的博客是"非典型博客"，就是希望自己不要总是分心写博客。

仅此而已。

我不上脸书。

我不用推特。

再出现什么新网站，我也不会去注册。

我既没有时间和精力，也不愿去打理这些社交媒体。我要忙的事实在是太多了。

---

① 杜森博格（Duesenberg），著名电吉他品牌。——译者注

THE FOCUS PROJECT: THE NOT SO SIMPLE ART OF DOING LESS
**思考断舍离：** 如何依靠精准努力来达成目标

这种专注对马丁有很大的帮助。他为这一系列小说创作的那张标志性地图为电视剧提供了空间素材和地形特征，读者得以从中领略维斯特洛大陆和自由贸易城邦的迷人风光。在为俗事所累的世界，我们要绘制出这样一幅地图，怕是一辈子时间都不够用吧？

但是，专注的马丁只用了"30分钟左右"。

当然，马丁并非不会遇到无法专注的情况。尽管读者已经望穿秋水，可这一系列的最后两部却迟迟未能问世，以致电视剧制作方不得不使出浑身解数，自创故事线来完成这一系列。电视剧的火爆意味着现实世界占据了马丁更多的个人时间，虽然他已尽力协调，但还是意识到自己无法专注的事实。

> 提出新问题，发现新的可能，从新角度看待老问题，这些都需要具有创造性的想象力。
> ——阿尔伯特·爱因斯坦

马丁表示："这不是创作瓶颈，是分心。近年来，我的所有工作都给我带来了问题，因为它们使我无法专心创作。小说和电视剧大受欢迎，我要时常接受采访，甚至成了'空中飞人'。例如，我会突然受邀飞往南非或迪拜，面对免费的迪拜之旅，谁能拒绝呢？在差旅期间，我是不创作的。我从不在酒店房间或飞机上写作，我必须在家中心无旁骛地写。在过去的大半辈子里，我默默无闻，如今每天都有人在干扰我。"

### ◆ 激发创意的视觉线索：用回形针创造 20 万美元 ◆

创造力不仅限于写作、音乐和艺术领域。当转换专注点时，我们可以将创造力注入我们所做的每件事中。在詹姆斯·克利尔（James Clear）的《掌控习惯》（*Atomic Habits*）一书中，有一个故事令我印象深刻。

用120枚回形针便能使薪水提高20万美元，你不信？早在1993年，就已经有人做到了这件事。你需要的只是一点点创意。

在加拿大阿伯兹福德，23岁的股票经纪人特伦特·迪斯米德（Trent Dyrsmid）初入职场，并不被看好。

他周围的同事个个经验丰富，财力雄厚，而他拥有的只是一个计划。

在上班的第一个星期，年轻的特伦特就在桌上放了一个罐子，里面装着120枚回形针。他又在这个罐子旁边放了一个空罐子，两个罐子都触手可及。

每天早晨，特伦特都会和他的罐子打个招呼，然后开始打销售电话。他从不浏览新闻或听广播，使自己分心，只专心致志地打电话。

每打一通电话，无论成功与否，他都会从第一个罐子里拿一枚回形针放入空罐子中。一天下来，看着原来的空罐子里满满装着120枚回形针，他感到无比自豪，因为这代表他一天打出去了120通电话。

得益于这个习惯，特伦特的工资很快就见涨了。在短短18个月内，他就给公司带来了数百万美元的收入。没多久，他的提成也大幅增加。此时，他的工资已是刚入职时的3倍了。

回形针法对你是否有所启示呢？这其实就是养成正确的做事习惯。那么，在日常事务中，你可以运用这种方法吗？或许，你可以先用橱柜上堆放的硬币来试试，看能否用它们来提醒你有哪些工作有待完成。

打个比方，如果你想每天做100个仰卧起坐，那就拿5枚硬币，以20个仰卧起坐为一组，每做一组就移动一枚硬币。或者，如果你想每天写两封感谢信，你可以用硬币，也可以直接将两张空白信纸放在桌上，起到提醒作用。视觉提醒方式既简单，又有效。

其实，不用实物也可以——这还是女儿们教我的。当时，她们在厨房，我听见小女儿凯蒂娅正和姐姐索菲亚争吵，大喊"该轮到我了"。这没什么稀奇的，在我家，有半数争吵都是由"该谁了"引起的。不过，她们争着要做的这件事不同往常。当时，索菲亚刚做完一场手术，需要继续服药一周，每天吃3次药，共21次。因此，索菲亚每次吃药，都需要记一下。于是，她俩便找了一张画纸，每吃药一次，就用黑色记号笔画一条竖线。前四条都是竖线，等要画第五条时，她俩会画一条斜的对角线，把前四条线串起来，这样五条线为一组。凯蒂娅之所以闹着要画，不是因为该她画了，而是她很想画这条串起所有线的具有"终结意味"的对角线。

使用这个方法之后，索菲亚吃药一点也不费劲了。所以，第二天，我也用这个方法，看看对我的写作有没有帮助。老实说，虽然我对专注计划满腔热情，但写作时有时还是无法保持专注。我的目标是每天写2小时。于是，我就像她俩记录吃药次数一样，每写20分钟就画一条线，等画完第六条，一天的写作量就达标了。这招果然有效！你也可以发挥创意，找一些对你有效的视觉线索，画线法或回形针法都是简单有效的。

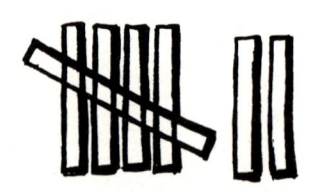

计时器也有用。如果写作意外中断，我会暂停计时。定时写作也有助于保持专注。虽然经常出差，有时又要陪伴家人，但我会尽量将写作安排在上午进行。最理想的情况是，我在上午已经完成了2小时的写作工作，下午又忙中偷闲写了一会儿，这样会格外有成就感。

> 当想象力失焦时，眼睛就不可靠了。
> ——马克·吐温

### ◆ 将音量调大！ ◆

我们常会听到家长对着十几岁的孩子大吼："快把音乐关了！这么吵，你怎么学得进去！"这位家长可能大错特错了。如果某些类型的音乐，甚至流行歌、说唱或摇滚乐可以提升专注力，激发智力呢？

有研究结果表明，在工作时反复听同一首歌有助于激发创造力，提高专注度。不同类型的音乐会刺激大脑的不同区域，从而影响不同领域的学习能力。

对每个人而言，能产生这一功效的声音都是独一无二的，一旦确定了这一声音并反复倾听，就能最大限度地提升专注度和学习能力。一般认为，古典乐有助于提升数学能力。从数据来看，12%的学生在听了莫扎特和贝多芬的音乐后，数学成绩会有所提高。相比之下，流行歌曲则有助于提升创造力，对语言、戏剧和艺术类学科的学习有所帮助。

那么，这些音乐是如何影响大脑的呢？格雷（Gray）说："这类音乐多为每分钟50～80拍，这一点很重要，因为有助于引导脑波进入阿尔法状态。人在此状态下，身体放松，但思维敏锐，有利于激发想象力和集中注意力，因此被认为是最适合学习的思想状态。"

格雷表示，在学习时听这类音乐有静心凝神的功效，学生的思考会更理性、更富有逻辑性。他认为，对大脑影响最关键的是每分钟的节拍数，"注意力的集中是有限的，很重要的一点是，你选择的音乐不能干扰你的工作，而应有助于你保持专注，所以没有歌词或不熟悉的音乐更合适。在播放音乐时，建议使用外放方式。造成分心的因素因人而异，取决于个人的兴趣与好恶"。

格雷的建议是，若要保持情绪稳定，古典乐、氛围音乐和爵士乐是首选，这几种音乐对于数学、科学和语言等需要逻辑思维和解决问题能力的学科来说，也是上佳的"学习伴侣"。而像艺术、时尚、传媒、戏剧等领域更适合选择朋克、摇滚、流行乐和舞曲。

我在这个月尝试一边写作一边听音乐，结果喜忧参半。音乐有时令我神清气爽，有时令我分心。相比创作，在编辑时，听音乐对我的帮助更大。在格雷看来，最适合我的似乎是迪士尼电影的插曲——无歌词的钢琴版和交响乐版，而且外放比用耳机听效果更佳。

## ◆ 晒太阳 ◆

许多人一边蜷在办公桌后面，一边想着创意会自己找上门来。这是一个很容易陷入的误区。美国人平均有90%的时间是在室内度过的。其实，户外才是更好的办公场所。所以，我开始一点点改变，例如：我偶尔将会谈安排在户外进行；我不再坐在桌前打电话，而是趁打电话的时候起身走走；我在树下写作，或在户外午休。

> 当你面朝阳光，阴影就会落到你身后。
> ——毛利人谚语

植物吸收阳光，将其转化为能量，人类也如此。晒太阳的好处多，如下文所述。

## ◆ 提高睡眠质量 ◆

阳光有助于改善睡眠质量。当眼睛感受到阳光时，人的大脑中的松果体就会收到信号，停止分泌褪黑素（一种助眠激素），直到太阳下山，外界光线减弱，到了就寝时间，身体会重新释放分泌褪黑素的信号，困意便逐渐袭来。如果我们整天都待在室内，眼睛接触不到阳光，就会导致褪黑素在白天分泌过剩。也就是说，大脑和身体无法分辨何时该入睡，从而导致睡眠质量下降。只有得到良好的睡眠，大脑才能产生更具创意、更具谋略的想法。

### ◆ 绿色效应 ◆

走进大自然，置身于绿树、青草之间，能使人们心旷神怡，思绪飞扬。德国史蒂芬妮·利希滕费尔德（Stephanie Lichtenfeld）博士做过一项研究，将被试者分别置于绿色、白色、灰色、蓝色、红色等环境中，执行创造性任务，结果显示，身处绿色环境的被试者表现更佳。利希滕费尔德称此现象为"绿色效应"，一个人只要能够亲近绿色植物，哪怕只有2秒，也对身心有益。原因何在？因为大脑将绿色与生长联系在一起，人们对大自然有着出自本能的渴望。

### ◆ 改善大脑功能 ◆

多晒太阳有利于改善大脑功能。剑桥大学神经学家大卫·卢埃林（David Llewellyn）经过研究发现，体内维生素D水平下降，会影响受试者的认知功能。阳光是人体获取维生素D的主要来源，所以多晒太阳有助于增强大脑的信息处理能力。

### ◆ 晒太阳可以降低血压 ◆

爱丁堡大学的研究人员发现，当阳光照射到皮肤上时，人体血液中的一氧化氮含量会上升，而一氧化氮是一种可降低血压的化合物，血压降低又能减少心脏病和中风导致的危险，从而使人延长寿命。富氧环境可以提升人体内的血清素水平，使人身心愉悦、心平气和。

## ◆ 飞行不上网 ◆

飞机上的无线网络信号差、网速慢，令人发狂。弓着身子，腿上搁着一台热得烫手的笔记本电脑，缩手缩脚地打字，绝不是什么愉快的体验。前座的乘客还可能突然放倒椅背，毁了你的电脑，这同样不是什么好事。

在进行这项计划的过程中，如果某件事令我感到不快，我就会自问：这个问题能解决吗？能不能换个游戏规则？我能按照自己的想法来做吗？

每次飞行时，我都是这么做的。我定的新规则是在飞机上绝不用无线网络，简称"飞行不上网"（这句话印在T恤上会不会很棒？）。如今，我在飞机上的时间都用来看书、写字、放松和思考。

这样一来，我的旅途立刻变得愉快起来。作为一名演讲家，长途飞行是一件不可避免的麻烦事，但如今我已不再排斥这种事了，反倒可以用这段时间来整理思绪。

提到"飞行不上网"，我就想起在飞机上刚开通无线网络时，有一位导师发表的一番评论。她说："我喜欢坐飞机，那是我唯一可以'失联'的时光，唯一可以享受片刻安宁的时光。我不希望飞机上开通无线网络，这会毁了我的宁静时光。"

当时，我觉得她一定是疯了——在飞机上能上网，那旅途的时光就好打发多了。当我对她这么说时，她流露出早已看透一切的目光："嗨，年轻人，你要学的还多着呢！"

July · Creativity
7月·创造力

如今，我完全能领会她言语中的智慧了。

我们应该将零碎的时间充分利用起来。如果你陪孩子上钢琴课，那就不要再浪费时间上网冲浪了。把这段时间用来看书、记日记、给老朋友打电话，或完成那些你想做却一直未能做的事。对我来说，可以利用这些碎片时间写作、放松、思考和休息。无论是在医院候诊，还是在通勤或其他时候，我们都可以发掘这样的碎片时间加以利用。

我突然领悟的另一件事是，我对写小说有着极度的热爱。相反，创作商业类书籍却时常让我搜肠刮肚。为此，我想出了一个好办法。在商业类作品中，少些技术层面的理论，多些个人化的看法，多注入一些个人的奇思妙想。这样一来，我不仅文思如泉涌，写作的快乐也油然而生。

> 逻辑能带你从A到B，但想象力可以带你去到任何地方。
> ——阿尔伯特·爱因斯坦

### ◆ 本章小结 ◆

#### 本月大事

创意往往是在不经意间产生的；切勿虚度光阴，这样我们便可以有更多的时间来做重要的事。空闲时光也可以让我们卓有成效。

#### 本月得分：B+

我对这个月的表现十分满意，我为自己留出了深度思考和写作的时间。那为何不是 A+ 呢？首先，有时候我还是会把手头的事项放在重要的事项之前。因此，在月中时，我不得不按下"重启键"，调整专注点。其次，我没有如愿享受到许多惬意的喝咖啡的时光。不过，总体来说，通过这个月的努力，我的创造力得到了明显的提升。

## 关键要点

1. 发掘碎片时间，将其变成难得的宝贵时光（例如，规定"飞行不上网"）。
2. 将想做的事（写作）与喜欢做的事（喝咖啡）结合起来。

3. 考虑在户外工作。

AUG
8月

共情

Empathy

THE FOCUS PROJECT: THE NOT SO SIMPLE ART OF DOING LESS
**思考断舍离：**如何依靠精准努力来达成目标

这个月的重点，是每次与人互动时都保持专注，与人共情，传递友爱，令家人、朋友、队友甚至陌生人都能从我这里汲取能量。在互动的过程中，我们要么给予爱，要么得到爱。平均来看，如果能活到80岁，每天遇到3个陌生人，那我们一辈子与人共情的机会是很多的。多数人只能记住5岁之后遇到的人，这样算式就很简单了（算上闰年）：(80－5)×3×365.24 = 82179。我们一生中竟能影响8万多人！只要其中有1%的人能现身我们的葬礼，我们的葬礼规模就能达到近千人之多。

"爱"与"共情"将是贯穿本章的两个词，我曾想将这一章命名为"爱"，但细想又觉得两者并不等同。若爱一人，往往能与之产生一定程度的共情，但可以感同身受未必就是爱。关于这个话题，世人已著书无数，我在此不再赘述，这个月的重点，只是向周围的世界传递更多的爱，多一些共情。有研究结果表明，这样做可以使人在生活上和事业上收获更多的成功与欢乐。亚当·格兰特（Adam Grant）的《付出与回报》（Give and Take）一书对此更有深入的解读。

我这个月的目标，就是每天拥抱他人三次。这不难做到。例如，要成为女儿们的"头号老爸"也意味着同时要成为"头号老公"。孩子们会在观察我们的言行中洞察一切。要想让她们明白未来的伴侣应该如何正确对待她们，最好的办法就是身体力行地给她们做示范。

亲昵的举动是一种很好的表达爱的方式，不仅对子女，对伴侣也是如此。当我们拥抱或亲吻所爱之人时，体内的催产素水平会上升；因此，催产素也常被称为"拥抱激素"或"爱情激素"。事实上，激素在夫妻关系中承担着非常重要的作用。催产素可谓人际关系、社会信任的基石，还可以缓解抑郁情绪。

多与妻子拥抱牵手，就是对女儿们做出了好的示范。孩子们不一定会听我们的"言传"，但一定会观察我们的"身教"。最重要的是，

August · Empathy
8月·共情

拥抱是维系夫妻关系的良方。

要与人共情，传播友爱，也意味着要专注当下。我们常常身在某处，却总是心不在焉，只顾低头玩手机，不闻身边事。举一个典型的例子：登机时，登机口工作人员会对你说"祝您一路顺风"，而你只有真正专注时，才会对对方说出"工作愉快"，而不是脱口而出"你也是"。毕竟，人家不会登机。总之，别再心不在焉地过日子了——活在当下才是正道。

## ◆ 最后四年 ◆

今年对我父亲来说意义非凡，他不仅迈入75岁大关，还迎来了与母亲的金婚纪念日。在这种时刻，我有幸与父亲把酒言欢，回首往昔。

我：老爸，你现在做的事真了不起，还取得了那么多成就。

父亲：知道吗，埃里克，那是因为我常说这是我的最后十五年？

我：此话怎讲？

父亲："最后十五年"是我现在的座右铭。我感觉自己还能身心健全的日子就剩十五年了，所以不想再浪费时日。因此，我重新开始专注于一切我想做的事情。在这十五年里，我想尽力做到最好。比方说，我已经减重40磅，我这辈子身材从未这么好过。腰围瘦了一圈，我就有借口去买新衣服，想穿多好就穿多好，反正我死了这些钱也带不走。在接下来的6个月里，我想把家里的那些我一直看不惯的地方重新设计、装修，不想再拖下去了。

THE FOCUS PROJECT: THE NOT SO SIMPLE ART OF DOING LESS
**思考断舍离：** 如何依靠精准努力来达成目标

我觉得这个"最后十五年"的法子很妙。受此启发，我也想出了一个适合自己的"最后四年"。作为曾经在学校球场上驰骋的篮球队员，这个"最后四年"真是颇有讽刺意味啊！前不久，我们刚刚为好友比尔庆祝了50岁的生日。真不敢相信，一转眼，我们二人已相识二十余载，都在给他过五十大寿了。我们不是昨天刚在洗手间认识的吗？

没错，就是在洗手间。

当时，因为要拍全班集体照，我就去洗手间换上衬衫和西装外套。那天早晨，我急匆匆地翻找我那件衬衫（没错，我只有一件衬衫），结果在角落里找到时，它已被卷成了一团。那件衬衫已经皱得不成样子，上面的褶子比百岁老人泡澡三小时身上的褶子还多。由于时间紧迫，我只把胸前会露出的一小块三角区域给熨平了。反正拍照时外套一穿，其他皱皱巴巴的地方就遮起来了。

结果，我刚穿上衬衫，就听见有人哈哈大笑，还带着浓重的波士顿口音："哇！这衣服熨得可真是详略得当啊！佩服佩服！"我们的友谊自此开始。

很快，我也将迎来自己的50岁生日，准确地说，还有四年。所以，用父亲的话来说，我正处在奔向50岁的"最后四年"里。

你有哪些可以帮助自己重新聚焦人生的小妙招？你有没有参加过高中同学会？你想不想在即将到来的海滩旅行中以傲人的身姿引人注目？你离退休还有几年？你离毕业还有多久？你想在30岁之前出一本书，还是在40岁之前攀登酋长岩（El Capitan）？

这些"给自己设期限"的方法虽是一些小伎俩，但确实有效。

August · Empathy

8月·共情

## ◆ 罗杰斯先生的 143 之爱 ◆

常发信息的人都知道143代表的意思。它是英文"我爱你"（I Love You）的缩写，这三个单词的字母数分别是1（I）4（Love）3（You）。

这个说法从何而来呢？答案可能令你大吃一惊。

143与"我爱你"的渊源还要追溯到1894年。当时，位于波士顿港东南部的迈诺特暗礁灯塔（Minot's Ledge Light）刚装上一种新型闪光灯。

根据美国灯塔委员会的建议，所有灯塔都采用不同的闪灭频率。这座灯塔被随机分配到了1-4-3的闪灭频率，即先闪一下，再连闪四下，再连闪三下。

不久，人们便开始将"1-4-3"与"I love you"联系到一起。这座灯塔很快拥有了"情人塔"的美名。如果有机会造访这座灯塔，你会发现，即使过了两个世纪，这座灯塔依然保持着相同的闪灭频率。

有些看着罗杰斯先生[①]的少儿节目长大的读者，可能对他与数字143之间的故事有所耳闻。

汤姆·朱诺德（Tom Junod）曾采访过罗杰斯先生，他想起当时的一件趣事。

罗杰斯先生站上体重秤，指针指向143磅。30多年来，罗杰斯先生从未做过任何可能改变自己体重的事。每天早晨，他先去匹兹堡运动俱乐部游泳，然后上秤称重，体重永远是143磅。久而久之，罗杰斯将保持这个体重数字视为一项重大的使命，他说："数字143就代表着

---

① 罗杰斯先生，即弗雷德·罗杰斯（Fred Rogers），美国著名电视节目主持人。——译者注

THE FOCUS PROJECT: THE NOT SO SIMPLE ART OF DOING LESS
思考断舍离：如何依靠精准努力来达成目标

'我爱你'。"

对有些人来说，143只是普通的数字而已，但对罗杰斯先生和造访迈诺特暗礁灯塔的情侣们来说，143是上天的馈赠，是爱的象征。对143的执着给了罗杰斯先生和憧憬迈诺特暗礁灯塔的人们一份寄托。从某种意义上来说，这份执念坚定了他们对生活的信心。有哪些数字、短语或生活习惯能够帮助你脚踏实地地生活呢？

### ◆ 不要加宽本垒板 ◆

> 只有先成为被同情者，才会成为同情者。
> ——马歇尔·罗森博格

这个月，我不断提醒自己，保持专注能使目标更易实现，但不要专注于容易实现的目标。相反，我们应该忽略那些简单的事情，如回邮件，这样我们才能专注于大目标。目标越大，越难实现，我们必得费一番心力。若简单易行，那它肯定早就完成了。

从某种程度上来说，保持专注与教养孩子有几分相似。我们总以为，无论是对待子女还是侄子、外甥，爱他们的最佳方式就是让他们生活得更舒适。其实不然，这样做剥夺了孩子通过努力获得回报的机会。这令我想起女儿学校墙上的一句名言："你可以为孩子铺平道路，也可以帮他拥有克服一切障碍的能力。"

关于这个道理，我听过最生动的解释，一位老者恳请我们在教育后代时千万别"放水"。

在纳什维尔，4000多名棒球教练齐聚一堂召开年会，已退休的前大学棒球教练约翰·斯克里诺斯（John Scolinos）已近78岁高龄，依然登台演讲。

August · Empathy

8月·共情

只见他拖着步子,缓缓上台,脖子上挂着一块白花花的本垒板。

"你们大概都在纳闷,我为什么要在脖子上挂一个本垒板。我也许是老了,但还没糊涂。今天,我之所以站在你们这些爱好棒球的人面前,是想与你们分享我的毕生所学,与你们分享我在78年光阴中对本垒板的领悟。"

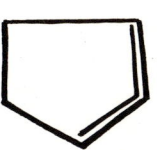

"诸位可知少年棒球联赛的本垒板有多宽?"

在短暂的静默后,有人回答:"17英寸。"

"没错。"斯克里诺斯回应道。

"那么,高中棒球联赛的本垒板有多宽?"

"17英寸。"众人更加肯定地答道。

"是的!"斯克里诺斯大喊道,"在座的大学教练们,大学棒球联赛的本垒板有多宽?"

"17英寸!"众人异口同声地答道。

"在座的有小联盟的教练吗?请问职业联赛的本垒板有多宽?"

"17英寸!"

"很好!那么大联盟的呢?"

"17英寸!"

"是——十——七——英寸!"斯克里诺斯大喊一声,"那么,如果一位大联盟的投手,没法把球投到17英寸宽的好球区,他们会怎么办?"他顿了顿,喊道,"早就被打发去波卡特洛[①]啦!"他这一嗓子引得台下一阵哄笑。

---

[①] 波卡特洛(Pocatello),美国爱达荷州东南部城市。该城有一条古怪法律,禁止人们露出愁容。——译者注

## THE FOCUS PROJECT: THE NOT SO SIMPLE ART OF DOING LESS
**思考断舍离：**如何依靠精准努力来达成目标

"他们绝不会说：'嗨，没关系，吉米。不就没投中17英寸的目标吗，我们将其加宽到18英寸、19英寸，加到20英寸也行，这样你就更容易击中了。要是你还击不中，就和我们说，我们还能再加宽，加到25英寸！'"

讲到这里，他停顿了片刻。

"教练们……"

他又顿了顿。

"……当我们的明星球员训练迟到，我们会怎么做？当他偷着喝酒被抓又会怎样？我们会让他接受惩罚，还是一味放纵为他改变原则？我们会为他加宽本垒板吗？"

斯克里诺斯把本垒板翻过来面向自己，用一支记号笔在上面画了几笔。当他再把本垒板转过来面向观众，将本垒板的尖顶冲上时，所有人看到一个"屋子"，上面有他刚画上的一扇门和两扇窗。"这就是今天我们家家户户都有的问题。无论是我们的婚姻、教养孩子的方式还是在自律方面都存在这个问题。我们没有教会孩子们具有责任心，没能达到要求也不会有任何后果。我们干脆降低标准！"

最后，斯克里诺斯教练总结道："如果你们今天从我这个老教练这里有所收获，我就算没有白来。希望你们明白：如果我们不以更高的、自知是正确的标准来要求自己，如果我们不用同等的标准来要求伴侣和子女，如果我们的学校、教会、政府不对他们的服务对象负责，那我们唯一能盼来的……"

说到这里，他将本垒板举到胸前，翻过去，露出了黑色的背面。

"……只有黑暗的日子。"

斯克里诺斯教练明白，要想提高生活质量，最好的方法不是降低，而是提高自我标准，并以同样的标准要求身边的人。像斯克里诺

August · Empathy
8月·共情

斯教练请求的,我们不要加宽生活的本垒板。同情他人需要了解他人的处境,有时需要严厉的爱。严厉的爱往往才是最好的爱。

### ◆ 心理作用 ◆

热爱也会影响我们的职业与兴趣爱好,决定我们能否在某些领域发挥出全部潜力,成功与否往往与我们是否全身心专注有关。

例如,网球名将安德烈·阿加西(Andre Agassi)在其职业生涯的巅峰时期就曾经遇到过瓶颈。由于受手腕伤病困扰,他的信心大失,继而屡遭败绩,世界排名也一路下跌。

在妻子布鲁克·希尔兹(Brook Shields)的劝导下,阿加西不情愿地找到了励志大师托尼·罗宾斯(Tony Robbins)。他满心怀疑,但实在别无他法了。

托尼给阿加西看了两场比赛的录像。一场是阿加西完胜对手,另一场则是阿加西以惨败收场。两段录像没有任何阿加西击球的镜头,只有他进场和开始热身的画面。

罗宾斯:还记得这场比赛吗?

阿加西:当然,这是我首次拿下温网冠军。

罗宾斯:看看你走出球员通道的样子,双腿弹跳有力,脸上洋溢着自信的微笑,双眼炯炯有神。当时看着隔网相对的对手,你是怎么想的?

阿加西:我在想,这家伙[戈兰·伊万塞维奇(Goran Ivanišević)]何必自讨苦吃?我会让他一败涂地。

罗宾斯又换了另一段录像。

罗宾斯：还记得这场比赛吗？

阿加西：当然，那是我最耻辱的残败之一。

罗宾斯：看看你走出球员通道的样子。正是当打之年的你，却脚步沉重，一副老态龙钟的样子。你还记得，当时看着对面的对手［皮特·桑普拉斯（Pete Sampras）］，你的脑子里在想什么吗？

阿加西：我想起了以前输给他的那些画面，吞下的失利苦果的滋味，我真的不想再来一次了。

罗宾斯：我知道，你今天虽然来找我，但心里抱着怀疑的态度，你觉得我的"心理状态会影响竞技表现"的理论都是胡扯。但是，在我们刚刚看到的这两段录像中，这一点是显而易见的。在这两场比赛之前，其实双方还未挥拍，就胜负已定了。在温布尔登，你的双腿弹跳有力，你的身体状态在积极地影响着你的心理状态——你要让对手输得心服口服，你也的确做到了。相反，在你输掉的那场比赛前，你像一个老人一样步伐沉重，你的身体向你的大脑做出了负面的心理暗示。你已经在向你自己、向观众展示这将是一场大败。

在这两个例子中，阿加西在赛前的关注点，使这两场比赛的结果天差地别。

这种精神专注与竞技表现有着直接的联系，这在一群篮球运动员身上也得到了印证。芝加哥大学的布拉斯洛托博士（Dr. Blaslotto）曾在1996年做过一项实验，专门研究可视化的强大效应。

布拉斯洛托博士随机挑选了一批学生，将他们分为三组，分别测试他们的投篮命中率。然后，他让每组都进行特定的练习，之后再记录每组的命中率。

## 三组区别

第1组：不做任何练习，完全不碰球。

第2组：每天练习投篮半小时。

第3组：每天在体育馆花半小时闭着眼睛想象投篮的画面。

30天后，三组球员再次进行投篮测试。

## 结果

第1组（没练习的）：命中率没有任何提高。

第2组（练习的）：命中率提高24%。

第3组（想象投篮成功的）：命中率提高23%。

仅靠想象投篮的第3组竟然和每天练习投篮的第2组取得了几乎相同的进步。

不仅身体状态可以影响心理状态，而且反之亦然。我们的身心是协同工作的。所以，专注于想要获得的结果是十分重要的。如果我们思想消极，那结果大多也是消极的。而如果我们思想积极，就更有可能取得好的结果。就像阿加西一样，我们的身体姿势和状态会对结果产生正面或负面的影响。

我们的身体姿态也会极大地影响他人对我们的看法和我们的自我

THE FOCUS PROJECT: THE NOT SO SIMPLE ART OF DOING LESS
**思考断舍离：**如何依靠精准努力来达成目标

感觉。《欧洲社会心理学杂志》（*European Journal of Social Psychology*）的一项研究发现，在面试时，良好的姿态能对一个人的自我感知产生积极的影响。即使我们感到不自信，也可以借由一些简单的自信的身体姿态——例如，端坐或挺拔地站立，来进行积极的心理暗示。有句话讲，"成功，从假装开始"，就是暗指我们状态不佳，也要昂首挺胸，面带微笑，这样就能对心态产生积极的影响。从本质上来讲，就是要多爱自己。

### ◆ 像超级英雄一样站着 ◆

"强势姿态"这个概念是由达娜·R.卡尼（Dana R. Carney）、艾米·卡迪（Amy Cuddy）和安迪·叶（Andy Yap）首次在《心理学》杂志上提出的。她们研究发现，身体语言可以控制思维和自我感知，身体姿态可以影响人的专注力。最常见的例子，就是在面试前像超人或神奇女侠一样昂首挺胸地站着。卡迪发现，在模拟面试中，那些使用"强势坐姿"的人会感到自己更强大，面试表现也更好。她们的第二个发现是，强势姿态会对人体的激素水平产生影响。卡迪的研究显示，那些摆出强势姿态的人，体内的睾酮水平会上升，而皮质醇水平会下降——这都有助于缓解压力。

虽然对特定激素影响的研究饱受争议，但我们试试也无妨。我曾经在超过55个国家演讲时介绍过"超人站姿"，我的观众经过亲身实验，发现这个方法果然能够增加自信。约95%的观众亲测有效。不仅如此，在使用这一站姿时，再穿上一件印有超

> *每个人的内心都住着一位超级英雄，我们只是需要穿上那件披风的勇气。*
> 
> ——超人

人或神奇女侠的T恤，效果更佳。

## ◆ 不必盲从 ◆

我曾经有幸与宇航员马克·凯莉（Mark Kelly）同台。凯莉的一个观点引起了我的共鸣。美国航空航天局有一句名言："没有什么比集体盲从更愚蠢。"这句话的意思是，拒绝群体思维。这一点看似简单，要做到却并不容易，因为我们人类天生就是群居动物。然而，群体思维正是酿成许多丑闻和骗局的罪魁祸首，从水门事件到安然事件，从伯尼·麦道夫[①]到臭名昭著的Theranos血液公司[②]。

保持思想专注，使你能获得局外人的那份清醒。多数人正是无法保持专注，本能地盲从他人。他们就像小行星被大行星吸引一样，不自觉地模仿他人的不专注行为。为不受他人干扰，我们必须明白人为何会有从众心理。

我们要记住一点，并非所有的趋同行为都是负面的。例如，当你和一个音量更低、语速更慢的人聊天时，如果你也将自己的音量和语速降下来，会令对方感到很舒适。这种本能的趋向性可以使对方放松。出色的销售人员和政治家就非常善用这一趋同性，心理学将此称

---

[①] 伯尼·麦道夫（Bernie Madoff），纳斯达克前主席，美国历史上最大的诈骗案制造者，其操作的"庞氏骗局"诈骗金额超过600亿美元。2009年6月29日，被判处150年监禁。——译者注

[②] Theranos是一家血液检测公司，曾被估值90亿美元。该公司于2013年开始向公众提供检测服务，收费低廉。然而，2015年，有报道指出该公司检测结果不准确，伪造血液测试结果。美国相关部门随后介入调查。2018年，该公司正式解散，其创始人伊丽莎白·霍尔姆斯（Elizabeth Holmes）被美国司法部指控欺诈。——译者注

为"镜映现象"。在史前时代，加入部族可以防止受到野兽和其他部落的侵害。从众心理还能使你成功被群体接受，从而真正融入其中。

但是，盲目追随他人的不专注行为，有百害而无一利。我们需要遏制这一趋同性。

20世纪50年代，著名心理学家所罗门·阿希（Solomon Asch）开始研究人类的从众性偏差。他想回答一个问题：为与多数人保持一致，我们会在多大程度上忽视自己的感官提供的信息？

于是，阿希绘制了下图。

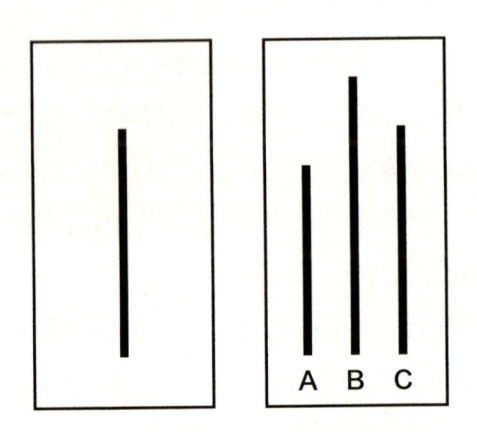

他让被试者将左边的直线与右边的三条直线进行比较，看看哪一条与左边的直线等长。

显然，C是正确答案。然而，76%的被试者却否定自己的感知，选择了A或B。为何会这样呢？

这里需要说明的是，阿希是在另一项实验的基础上设计实验的。此前，心理学家穆扎夫·谢里夫（Muzafer Sherif）曾经进行过一项名为"强盗山洞"的实验。谢里夫发现，当人们对答案没有足够的把握时，会将其他人的观点作为参考。

August · Empathy
8月·共情

这当然说得通。如果我对某件事不能确定,也会去询问他人的看法。但是,这只是在我不能确定的情况下,在我无法通过自己的感官(视觉、听觉、触觉等)获得明确信息的情况下。

在此实验中,被试者可以明确得出C是正确答案,为何还有76%的人否定自己亲眼所见和相应的判断呢?

### ◆ 实验过程 ◆

每次实验,阿希都将一名被试者带入房间,屋内已有8人落座。这些人都不是真正的被试者。然后,实验者依次询问屋内的人——哪根线更长。唯一的受试者总是第6个被问到,在他回答之前,前面的5人都故意给出错误的答案。

结果令阿希大吃一惊,50%的被试者给出了相同的错误答案——他们被群体思维支配了。

阿希想知道这些被试者为何会遵从多数人的选择,对他们进行了询问。其实,他们的回答我们大多能想到。下面,我就将20世纪50年代的答案与今天的答案进行对比。

20世纪50年代:许多人在遭到他人反对时,会感到焦虑、不自在。
今天:如果身边人都在忙碌,那我也应该像他们一样忙绿。
20世纪50年代:集体的智慧胜过个人的智慧。
今天:如果大家每隔5分钟刷一次社交媒体内容,那我也应该这样。
20世纪50年代:有些人即使知道集体判断是错误的,也因为不想特立独行而选择盲从。

THE FOCUS PROJECT: THE NOT SO SIMPLE ART OF DOING LESS
**思考断舍离：**如何依靠精准努力来达成目标

今天： 如果所有人都在看这部电视剧，即使我觉得浪费时间，也会花时间去看看。

20世纪50年代： 只有5%的人表示自己看到的线段长短与别人的判断一致。这太可怕了！

阿希的研究被认为具有突破性意义，许多心理学家此后开始对这一领域进行深入研究。

东方社会历来习惯将循规蹈矩视为一种美德，效仿他人的言行有助于融入集体。但是，也有人认为，硅谷之所以创新不断，正是在于硅谷人对陈规旧律的不屑。他们宁可被世俗摈弃，也绝不落入俗套，他们鼓励破旧立新。史蒂夫·乔布斯就常说他的小团队是一群疯子或海盗，他甚至在办公楼外的旗杆上挂了一面海盗旗，要想方设法地不落俗套。

从众的后果是，如果多数人都无法专注生活——实际上的确如此——我们就会自然而然地效仿他们，随波逐流。从人类学的角度来看，这也是可以理解的。早在数千年前，人类聚居形成部落，对个人的安危和存亡至关重要。

从部落中被驱逐，就相当于被判了死刑。而人天生就有自我保护的本能。阿希在研究中指出，了解这些本能倾向有助于我们避免落入从众的陷阱。当身边人都在喧嚣的世界随波浮沉时，我们必须压抑从众心理，避免随波逐流。

社交活动也容易让我们落入"随大流"的陷阱。我们必须抵制这种诱惑。别人都开会，并不意味着我们也要开会。不要因为身边人在社交媒体上传视频，你就觉得自己也应该这么做。如果你的三位亲戚要去海边度假，但你和家人更享受居家度假的轻松惬意，那就待在家

August · Empathy
8月·共情

里好好充电吧。

避免从众的最好方法就是专注做好自己。这个月,通过在这方面的努力,我发现自己也能够更好地去爱身边的人。我内心的纠结减少了,能够回馈给团队、朋友和家人的增加了。

## ◆ 照镜或开窗 ◆

我曾和一位非常成功的企业家朋友聊过这本书,结果他笑了。

企业家: 嗯,我也正想写本书,聊聊我们公司员工的一些错误专注点。

我(急忙问道):什么意思?

企业家: 事情是这样的,有一天,我们办公楼突然停水,大伙儿都喝不上咖啡。于是,我收到一个员工的短信,问大家能否在家办公,因为公司没咖啡喝。他们更愿意在家办公……亏他想得出来!但是,你猜怎么着?另一位员工特意早起,大老远开车找到一家咖啡店。然后,她很早赶到办公室,为所有同事备好了咖啡、百吉饼和甜甜圈。谁应该晋升,谁应该被解聘,就不用我说了吧?

面对相同的困境,两人采取了截然不同的对策。我们是一心陷入"没有咖啡"的困境,还是专注于控制自己能掌控的一切?我们是哀叹糟糕的境遇,还是摆脱困境,去给所有的同事买咖啡?

我们是照镜子,还是开窗子?我们是对镜自怜,还是开窗去看周

THE FOCUS PROJECT: THE NOT SO SIMPLE ART OF DOING LESS
**思考断舍离：** 如何依靠精准努力来达成目标

围的世界并让它更美好？

### ◆ 变废为宝 ◆

18岁的迈克·格里克曼（Mike Glickman）住在加州一个风景如画的社区里，他的梦想是成为一名成功的房地产经纪人。但是，在竞争激烈的房地产市场，年纪轻轻的他很难获取客户的信任，他发出去的营销资料也收效甚微。当时，全市的清洁工正在罢工。

由于清洁工人罢工，那些漂亮的房子外面垃圾堆积如山。眼见心爱的社区变得脏乱不堪，迈克心急如焚。他想做点儿什么，于是突然产生了一个念头：为何不把那些垃圾拉走呢？但是，挨家挨户清理垃圾，他一个人可做不到。他要雇一家保洁公司，但花销肯定少不了，在当时大约需要5000美元。这对迈克来说，无异于500万美元了。但是，做这件事是绝对正确的。

迈克最终做到了，但没让任何人知道这件事是他做的。

人们高兴地发现臭烘烘的垃圾消失了，社区又恢复了原样。大家以为是罢工结束了，可在当晚收看本地电视新闻时，得知罢工仍在继续。业主们感到困惑：如果不是清洁工清理了那些垃圾，那会是谁呢？

几天后，迈克清理垃圾的消息不胫而走，他的事业也终于走上了正轨。自此，他成为这个国家火热的房地产市场中最成功的房产经纪人之一。

当我们调整关注点，从另一个角度看待问题——尤其从其他人的角度看问题时——往往就会有化腐朽为神奇的效果。

August · Empathy
8月·共情

### ◆ 恒心与耐心 ◆

在这项计划失败一年半之后，我才突然明白这是一个需要耐心的过程，要做好打持久战的准备。其实，我总是从一开始就犯错误。每回对自己说"好吧，就从这个月开始"时，我就会犯过去的老毛病。其实，专注计划的关键就是不要气馁，要对自己说："还不错，这挺有意思的。"

我并非天生就有耐心。我的心理状态常常是："老天啊，请赐予我耐心吧，现在就给我！"要保持专注，需要做到短期有恒心、长期有耐心。最终，我终于可以说自己成功将这项计划坚持了下来。

> 没能成功计划就是在计划失败。

### ◆ 本章小结 ◆

**本月大事**

一个人的成功不在于从这个世界得到了什么，而在于给这个世界留下了什么。

**本月得分：** *A*

这个月每天都能收获成功的喜悦，令我感到成就满满。专注与他人共情，并在每次互动时传达爱意，其实并没有我想象的那么抽象。我的行为每天都能立刻收到成效，而且一天数次。反之，如果心情不好，我就能感觉到自己给家里带来的负能量，就会停止这种状态，或

THE FOCUS PROJECT: THE NOT SO SIMPLE ART OF DOING LESS
**思考断舍离：** 如何依靠精准努力来达成目标

者等坏情绪疏解后再与家人互动。这一点我做得还不够好，所以没有得到 A+。但是，从总体来说，我在这个月的表现很不错。

## 关键要点

1. 避免群体思维，不要在喧嚣的世界随波逐流。
2. 我们就像电池，每次与人互动，向对方传递的不是正能量（+），就是负能量（-）。
3. 如果能够用金钱买来时间，那就买吧——这样你就会有更多的时间陪伴所爱之人。

SEP
9月

正念

Mindfulness

THE FOCUS PROJECT: THE NOT SO SIMPLE ART OF DOING LESS
**思考断舍离：** 如何依靠精准努力来达成目标

提起这个"正念之月"，我的脑海中就浮现出宁静的水疗画面，回响着舒缓的音乐声和水滴声。但是，正念练习并非只是在隔音的房间里，焚香盘腿打坐。冥想练习也可以是弹钢琴、早晨在海边散步、缝制一条裙子、不戴耳机慢跑、天天记日记或陪孩子在公园玩耍。正念的关键不在于特定的地点，而在于专注于当下。

举个例子，我经常带孩子们去公园玩耍。家长们在公园里常说的一句话是："我们要走啦！"这很正常，我也常对女儿们说这句话。

实际情况并非如此。有时候，我们的确要回家吃晚餐、举行生日派对或练球。但在其他时候，并不是非走不可，只是我自己想走了。我其实是在给孩子们下命令。

在接下来的几周里，我打算等女儿们开口再走。老实说，刚开始带孩子们去公园时，我很痛苦，因为她们一玩就是几个小时。身为家长，不能享受与孩子们共处的时光令我愧疚不已。"不，我不想第N次帮你推秋千了。"话一出口，我就感到内疚。

我知道，女儿们很快就会过了想在公园玩耍的年纪，而当她们再也不需要我为她们推秋千时，我又会做何感想呢？

起初，等女儿们开口的过程让我感到煎熬。慢慢地，我逐渐意识到这个新方法的妙处，我开始享受与女儿们不受打扰的共处时光。风和日丽，天朗气清，我能再次找回儿时玩耍的快乐，还能与处在花季年华的女儿们共享时光，这是多么美好的事情啊！我开始凝望着她们的笑靥，看着她们倒吊在单杠上时滑稽的发型。

我发现自己在其他方面的专注度也有所提升。其实，这也是正常的。正如哈佛大学乔·德古迪斯（Joe DeGutis）教授所说："在某一单一、复杂的任务上保持专注，可以提升人的专注力。长此以往，人便会养成'锻炼注意力'的习惯，这样在进行其他活动时，能更好地进

September · Mindfulness
9月·正念

入松弛的专注状态。"所以，这个月，在帮女儿们推秋千时，我要加倍专注。

有无数研究证实，正念有益于身心健康。各大院校、监狱、医院、退伍军人中心等机构开展了相关项目，积极推广这一理念。

正念，是指通过一种温和的、积极的方式培育心念，无时无刻地觉察自己的思想、感受、知觉和周围的环境。

虽然我们想定心念于当下，但也不必时时如此。心理学博士瑞恩·M. 尼米克（Ryan M. Niemiec）在《今日心理学》（*Psychology Today*）杂志上是这样解释的：

人们对正念有一个普遍的误解，即认为正念就是将心念时刻定于当下。许多人一做冥想练习就崩溃的原因是，他们的思想无法始终专注于当下。许多人抱怨："我没法专心。我没法专注于当下！"现实是，没人能做到始终专注于当下。但我们可以收心，可以通过呼吸让任意攀缘的心念回归当下。正念，其实是用好奇、开放、包容的态度对专注力进行自我调节。

虽然无法时刻专注于当下，但我在这个月尽可能地保持心念的专注。

### ◆ 将意志力变成超能力 ◆

谁不想健康饮食、行正言端呢？问题是，我们往往缺乏意志力。倘若没有钢铁般的意志力，我们是否只能认命呢？答案是否定的。

虽然陈规旧习有时会打败我们，但增强意志力绝对有助于我们实

THE FOCUS PROJECT: THE NOT SO SIMPLE ART OF DOING LESS
**思考断舍离：** 如何依靠精准努力来达成目标

> 我太专注于自己的草，不知道你的草是否更绿。

现一切目标。提升意志力就像学习骑车。只要坚持下去，几乎所有人都能够学会。

意志力是可以塑造和增强的。斯坦福大学心理学家凯丽·麦格尼格尔（Kelly McGonigal）博士对此进行了深入研究，发现意志力就是人体向大脑前额皮质输送额外能量的能力，它促使我们追逐目标，帮助我们克服冲动和欲望。

每天，我们的意志力也会像体力一样，出现"自我损耗"的过程。因此，当一天结束时，我们的自控力就会减弱——这也许就是很多人常在半夜打开冰箱偷吃零食的原因。父母常和我们念叨的那句话也得到了印证："午夜过后没好事。"

了解了自我损耗的原理，也就明白了为何"一日之计在于晨"。但是，夜猫子并非就没有机会。

麦格尼格尔解释："我认为，增强意志力更像是一种运动。如果意志力也是一种体力，或者把它当作一种体力的话，那就是可以锻炼而成的。就像健身一样，自控力锻炼也很累人，但随着时间的推移，你的力量和耐力都会有所提升，你的自控力会越来越强。此时，新的行为很容易形成习惯，外界的诱惑就不再那么难以抵挡了。"

如果说大脑可以像肌肉一样得到锻炼，那么问题来了：通过持续锻炼，人的大脑会发生实质性的物理变化吗？在哈佛大学下属的麻省总医院（MGH），有一队研究人员对此展开了研究。

在研究前两周，研究人员对被试者的脑部进行了磁共振成像（MRI）扫描。然后，他们将被试者分成两组：第一组各自进行冥想练习（平均每天27分钟），第二组不进行冥想练习。

8周后，在"冥想组"成员的大脑中，海马体的灰质有所增加。

而在自然状态下，海马体的灰质会随年龄的增加而减少。"冥想有助于增加脑灰质"这一事实，可谓一项重大发现。而脑灰质对于人体的认知力、视力、听力、自控力、语言和记忆都至关重要，它还与自我意识、同情和内省的改善有关。脑灰质负责信息的处理和运算，而脑白质则像连接中枢神经系统不同区域的高速公路。

研究报告显示，压力的增加与大脑杏仁核的灰质密度降低有关，而众所周知，杏仁核是产生焦虑和压力反应的重要系统。体内高水平的皮质醇会降低大脑正常运行的功能。而压力不仅会杀死脑细胞，还会导致大脑萎缩。长期处于压力状态下，大脑中负责记忆和学习功能的前额叶皮质区会出现萎缩。

虽然应激反应始于大脑，但它是一种多系统参与的全身性反应。抵抗压力的最佳方法之一，就是关注自己和身边的人。这听起来可能有违常理，但关注的确是正念练习的第一步。如今，正念练习已被作为一种治疗手段，广泛应用于心理健康（及身体健康）领域。

总之，通过麻省总医院的这项研究可知，冥想可增加对人体有益的灰质密度（增加海马体灰质，从而增强学习、记忆、自我意识、同情和内省能力），减少对人体有副作用的灰质密度（减少杏仁核灰质，从而缓解焦虑和压力）。

简单的冥想练习就能让人的大脑发生积极的转变，这一发现鼓舞人心。对此，参与该项研究的资深研究员萨拉·拉萨尔（Sara Lazar）是如此解释的：

冥想经常给人带来平静感，使人身心放松，而冥想者一直坚称冥想还能改善认知能力，使人整天都保持稳定的心态。这项研究结果表明，脑部结构的改变或许正是发生上述变化的生理基础，也就是说，

THE FOCUS PROJECT: THE NOT SO SIMPLE ART OF DOING LESS
思考断舍离：如何依靠精准努力来达成目标

人们在冥想之后变得心情舒畅，并不仅是因为放松了身心。

而该项研究的参与者之一、麻省总医院及德国吉森大学的研究员布里塔·霍尔泽尔（Britta Hölzel）表示：

"大脑具有可塑性"这一发现的确振奋人心。通过练习冥想，我们就能积极地改变大脑结构，从而提升幸福感和生活品质。

冥想有助于清心凝神。据麦格尼格尔博士介绍，健身也具有相同的功效：

健身也可以使大脑结构，尤其前额叶皮质，发生类似改变，但具体原理还不清楚。无论是高强度的心肺功能训练，还是像瑜伽之类的正念练习，只要定期锻炼，都能增加身心的抗压性，进而增强意志力。

无数研究证实，健身和冥想是培养意志力的两种有效方法。

香港大学的研究人员周杰森（Jason Chow）和刘洵（Shun Lau）从健身和冥想又联想到环境。他们想通过研究确认环境会否影响自我损耗，继而影响人的意志力。

他们进行了一系列测试，向被试者展示了一系列图片。一些被试者看到的是繁忙的都市景象，另一些看到的则是自然风光。结果显示，欣赏自然美景可以给予人们力量，帮人们抵消自我耗损的不利影响。

如果能够趁午休时间去公园练习冥想，那绝对比待在屋子里冥想有益得多。

香港大学的这项研究解释了为何在沙滩上练习瑜伽似乎总比在瑜

伽馆里畅快得多，为何在林间慢跑似乎总比在跑步机上挥汗如雨更加愉快。

难怪一些大企业会在园区建树林，以供员工开会或散步之用。

因此，当你下次忍不住要玩手机时，可以试试下列增强意志力的方法，毕竟它们都是有科学依据的。

1. 设置提醒物——你可以用便利贴，也可以用闹钟来提醒自己在晚上9点30分关闭电子设备，准备睡觉。
2. 冥想。
3. 吃高蛋白食物——饥饿会侵蚀我们的意志力，而蛋白质会令我们产生饱腹感。
4. 按部就班地执行计划！我们需要制订系统的阶段性计划，提高自己的意志力。所以，匿名戒酒会采用的是"十二步康复法"，而不是"一步到位法"。
5. 自我原谅。惠特尼·休斯顿在歌里唱得没错："最伟大的爱就是学会爱自己。"愧疚感会消磨我们的意志力。这或许可以解释，在忍住一周没吃女童子军饼干后，为何我们在周五深夜死也不会去偷吃一块薄荷巧克力饼干。这是因为，我们将会为自己的行为感到愧疚，而且在反应过来之前，我们往往不是吃了一块饼干，而是吃完了整盒。

关于自我原谅的作用，研究人员通过一系列实验进行了深入的研究。

他们发现，有愧疚感的被试者在执行后续任务时表现不佳。与此相应，如果被试者在感到有愧疚感的任务中找到慰藉，抵消愧疚感时，他们接下来的表现就会更好。

就拿上述吃饼干的例子来说，有人可能自圆其说，认为自己已经坚持了一周，理应犒劳自己一番。也有人可能会想：嗯，吃了这些饼干，卖饼干的小女孩会高兴。而且，她的部分收入会作为善款帮助他人，得到帮助的人也会高兴。不仅如此，吃完之后，家里再也没有饼干了，也就彻底断了自己"吃块饼干"的念头。

换言之，学会原谅自己或从感到愧疚的事情中找到慰藉，会对我们产生积极影响。不要让负面情绪像多米诺骨牌一样扩散下去。在第一块骨牌倒下后，立即消除愧疚感，及时止损。

### ◆ 我们把生活挤压得越紧，麻烦就越大 ◆

有一次，为了赶时间，我在加油时拼命按压加油枪手把。我要赶下一项日程，当时的想法是，按得越紧加得越快。然而，这种加油枪上安装了一种调节器，防止出油速度过快——如果按得太使劲加油枪就会自动关闭。因此，我这样做反倒是在耽误时间了。好不容易加油枪又开始出油了，而我还一心惦记着那一大摊子的事。结果，一不留神，油箱被加满了。我来不及多想，没关加油枪就赶忙将其拔出，结果被喷了一身汽油。坐在车里的女儿们被我的狼狈模样逗得哈哈大笑。除此之外，这可真是一场真正的灾难。然后，我突然醒悟：又回去了，我又在重蹈覆辙了。这趟加油之旅就是我过去生活的一个缩影，相信对许多人来说也是如此。我们越是逼迫生活，越是在自寻烦恼。在这种情况下，我理应顺其自然。

September · Mindfulness
9月 · 正念

## ◆ 写日记 ◆

每天写日记好处很多，既可以减压、提高免疫功能、增强记忆力，也可以调节情绪、改善心理健康。一味笃信自己的记忆，犹如在高空走钢丝，是不可靠的。好记性不如烂笔头。

问题是，我总是没时间写日记。以前，我每次重新开始写日记，不但没有收获，反而成了一种负担。我觉得问题在于我每次都用同一招，自然每次都无效果。

我并没有遵守爱因斯坦的教诲，坚信"疯狂就是一遍又一遍地做相同的事，却期待不同的结果"。

这一次，我必须转变策略，做出两大改变。

1. 先从写一句话开始。每天都尽力而为，但至少写一句。这一条算是很务实了，从过往经验来看，有时忙起来，我连15分钟写日记的时间都抽不出来。
2. 不必局限于某一天，不妨回忆一下5年或10年前的那些趣闻逸事，将它们记录下来。

例如，你可以写下所有小学老师的名字，或是儿时玩伴的名字。你可以描绘一下童年时的家，或邻里亲朋的家，并标注上对应的名称。

每周定一个主题是一个很有用的方法。例如，这一周主要是回忆高中的人和事，下一周可以是有关我在雅虎就职的一些回忆。有时想着想着，我就会给几十年未曾联系的旧友打个电话，或给我五年级时的老师发一封感谢信。

THE FOCUS PROJECT: THE NOT SO SIMPLE ART OF DOING LESS
**思考断舍离：** 如何依靠精准努力来达成目标

> 如果你坐下来静静观察，就会发现自己的心有多么浮躁。而你越是试图使它平静下来，情况反而越糟，但时间久了，它总是会平静下来的。到那时，你就能听到更多微妙的东西——那是你的直觉在萌芽开花，你能更透彻地看待事物，也能更清晰地感知当下。
>
> ——史蒂夫·乔布斯

### ◆ 老年人的脑波 ◆

在24岁左右，人的大脑的信息处理速度会开始降低；同时，切换任务和应对干扰的能力也会随之下降。例如，随着年龄的增长，当我们走进一家嘈杂的餐厅时，越来越难以屏蔽周围的噪声。

所以，我们常常听到父亲或祖父抱怨："我在那家餐厅总是听不清别人说话，太吵了。"

其实，这不只是听力退化的原因。年轻人更善于屏蔽噪声和干扰，而老年人对干扰信息的敏感度比年轻人高10%。老年人的大脑功能在早晨时，可以像19~30岁的年轻人一样运转。这也是我在前文强调"一天之计在于晨"的一个原因。实验结果表明，被试者在上午完成认知任务时表现更好。

不过，老年人在有关专注力的其他方面更胜一筹。哈佛大学教授乔·德古迪斯曾主导过一项有关持续性专注力的研究，结果发现，年轻员工较难在执行枯燥任务时保持专注，而老年人在执行困难任务时，往往更专注，也不易走神。

美国海军陆战队前队员鲍勃·麦肯（Bob McCann）将其在部队26年间取得的卓越功绩归功于他的专注能力——特别是对细节的专注，尤为重要。"现在的孩子关注的事情太多了,根本没法专注。如果你整天埋头玩手机,就不可能成功。"

## ◆ 狄德罗效应 ◆

1765年,52岁的法国哲学家德尼·狄德罗(Denis Diderot)的女儿即将出嫁。作为当时流传甚广的一版《百科全书》的主编,狄德罗早已声名在外。在盛名之下,他却一贫如洗。他连女儿的嫁妆都凑不上,更别提办一场豪华的婚礼了。沙皇叶卡捷琳娜二世在得知狄德罗卖书嫁女的窘境之后,慷慨解囊,买下了他的藏书。

这下狄德罗可谓"一夜暴富"了,他一高兴就用重金买了一件猩红色睡袍,把旧的那件直接扔了。这件新衣高贵华美,使他家里其他的衣物、家具和饰品相形见绌。狄德罗觉得自己应该"大换血",将沙发、桌椅、鞋等都换成和睡袍一个档次的。

结果,狄德罗陷入了债务深渊,经济状况甚至不如从前。他把家中的旧藤椅换成了摩洛哥出产的真皮单人沙发,把以前的旧书桌换成了价值不菲的崭新的写字台,将从前最喜欢的挂画用更昂贵的挂画取代。他家里这样的"升级换代"还有很多。狄德罗写道:"在旧睡袍面前,我是绝对的主人;而在新睡袍面前,我成了被胁迫的奴隶。"

购物往往会带来连锁反应,新物品的购入,会令我们想继续购买其他相同品质的物品来与之匹配,而以前没有这些物品,我们也过得好好的。狄德罗对新睡袍的感情最终由爱转恨。

你在生活中很可能经历过类似的多米诺骨牌效应:

- 女儿的房间被刷成荧光紫色后,她就希望房里的一切都是闪闪

THE FOCUS PROJECT: THE NOT SO SIMPLE ART OF DOING LESS
**思考断舍离：** 如何依靠精准努力来达成目标

亮亮的。
- 买了一辆新自行车后，你就需要买新的打气筒、头盔、鞋夹、水壶、尾灯、手套、骑行服、汽车自行车架、骑行眼镜、计程器、胎压计，还有许多你以前听都没听过的自行车配件。
- 买了一条新裙子后，你还要配上新上衣、新鞋、新腰带和新手镯。
- 更换泳池的照明灯后，你发现躺椅似乎也要换，桌子和烧烤架也需要一并更换。
- 买了新款的苹果手机后，你不仅要买新的手机壳，笔记本电脑和平板电脑也要换新的。

在生活中，我们总会有一种购买欲或索取欲，认为这样做是在为美好的生活添砖加瓦。

畅销书作家詹姆斯·克利尔对行为心理学和极简主义有着深刻的见解，他针对如何克服狄德罗效应给出了一些不错的建议：

1. 只买符合你当前生活方式的物品。买衣服时，尽量选择与衣柜里已有衣服可以搭配的。买电子产品时，尽量选择与现有配件兼容的产品，这样就不用再买新的充电器、适配器或线材了。
2. 坚持一个月什么都不买。
3. 买一样，扔一样。每买一件新物品，就扔一件旧的。买了一台新电视，把旧的直接扔了，不要放到其他房里去。这样做可防止杂物过多。生活要有序，永远只保留能够带给你幸福感的物品。
4. 放弃欲望。正所谓"欲壑难填"，"升级换代"是永无止境的。

September · Mindfulness
9月 · 正念

买了本田，你可以升级成奔驰。买了奔驰，你可以升级成宾利。买了宾利，你可以升级成法拉利。买了法拉利，你有没有想过买私人飞机？要知道，"想要"只是你的大脑提供的一种选择，并非必须执行的命令。

我们应该学会为生活"做减法"，但这不是说我们不应追求生活品质，关键在于要增添能够给自己带来满足感的物品，将那些无法带来满足感的通通舍弃。

狄德罗效应的确会给我们的生活带来负面影响，但类似的多米诺骨牌效应有时也能发挥积极作用。打个比方，如果你开始注重健身和思维训练，那么当你拿到菜单，面对烤鸡和热狗时，你更会选择前者，因为热狗并不符合你的新的生活理念。当你在点菜时，你会想："一个遵循健康生活方式的人是不会点热狗的，现在我就是这样的人，所以我绝不会点热狗。"度假时，你的目的地不再是拉斯维加斯，而是选择去新墨西哥州来一次山地骑行之旅。或者，你会加入某个健身俱乐部并最终成功戒烟，因为吸烟与你的新理念或互助小组的目标相互抵触。从这种意义上来说，你已经有了积极改变的动力。无论这种动力来自外部环境还是我们内心，关键在于我们已经有所行动，自行车一旦蹬起来就容易控制得多，只要调整车把，我们就能走上更美好的人生路。

### ◆ 瑞典人的"咖啡歇" ◆

无论身处何处，我们总能在其他国家和文化中发现正念的身影。提到瑞典，就不得不提"咖啡歇"，瑞典人称之为"Fika"，就是喝着咖

THE FOCUS PROJECT: THE NOT SO SIMPLE ART OF DOING LESS
**思考断舍离：** 如何依靠精准努力来达成目标

啡的闲聊时光。咖啡歇已经深深被植入瑞典文化之中，瑞典人甚至专门出台法律，以确保其在国人生活中的重要地位。无论是上班的人，还是上学的人，都可享受每天两次的"咖啡时光"。

咖啡歇最妙的地方在于，你可以品尝七种不同的小饼干。

你可别再想着去星巴克的外卖窗口点杯咖啡，在路上匆忙喝完了。瑞典人的咖啡歇倡导的，正是放慢生活的脚步，停下来放松一下。不仅是瑞典，在其他国家的文化中，也有类似咖啡歇、茶歇这样具有仪式感的休憩方式。

德语中有个词叫"Gemütlich"，意思是与亲朋好友围坐在舒适的椅子上，听着舒缓的音乐，喝着热茶。

还有丹麦人的"Hygge精神"，"Hygge"是丹麦语，词义晦涩，发音更难（类似"呼葛"），它所体现的远不只是舒适惬意的理念。Hygge描述的是一种我们可望而不可即的状态，将其大致翻译过来就是"远离一切令人压抑、厌烦、恼怒的事物，只与舒适、温和、抚慰人心的事物相伴，并从中汲取快乐"。它的意思就是创造温暖的氛围，享受生活的美好。所以，难怪丹麦被认为是世界上最幸福的国度之一。当丹麦人三三两两地聚在一起时，Hygge就代表着觥筹交错间畅所欲言的友好情谊。亲朋好友喝着热葡萄酒欢聚一堂的圣诞节，是最能体现Hygge精神的时候。

而挪威人口中的"Friluftsliv"，直译过来就是"自由空气式的生活"，提倡置身户外，探索和欣赏大自然。具体的活动内容不限，可以是冥想、拍照、在户外过夜，甚至跳舞。

体验Friluftsliv式的生活，不需要钱、设备或特殊装置，它可以像在户外散步一样简单。

这四种休闲方式（Fika, Gemütlich, Hygge, Friluftsliv）我都一一体

验过了，每种都令我心旷神怡。我最喜欢的是Friluftsliv，因为它无须太多规划，既随性又健康；不过，我不得不承认，瑞典人在咖啡歇提供的七种小饼干总是那么诱人。

## ◆ 三招防走神 ◆

哈佛大学研究员马修·基林斯沃斯（Matthew Killingsworth）和丹尼尔·吉尔伯特（Daniel Gilbert）发现，人在走神时是不快乐的。这一点值得注意，因为50%的时间我们都在走神。

人们在做不同的事情时，走神的程度是不一样的。有研究结果表明，人在工作时最容易走神。

虽然了解这一点很重要，但知道如何在必要时防止走神更重要。

对此，《情商》(Emotional Intelligence)一书的作者丹尼尔·格尔曼（Daniel Goleman）给出了以下三条建议。

管理：管理那些容易诱惑你或使你分心的物品。大多数使我们分心的物品都是电子产品。

正念：每隔几分钟检查一下自己的所想所做是否一致。"等一等，我应该专心写报告，怎么想到这个了？"

冥想：其实很简单，聆听自己的呼吸也是一种冥想。戈尔曼表示，就像练举重可以形成肌肉记忆一样，每天练习冥想，也可以增强脑回路，当你走神时，大脑会及时发现并将思绪引回到你正专注做的事情上。

## ◆ 改掉浪费时间的八大陋习 ◆

以下内容多数是我受畅销书作家蒂姆·费里斯的启发而得出的。

1. 不接陌生电话。
2. 了解你的时间都花在何处,再消灭最浪费你时间的那件事。例如,对某位难缠的客户不再有求必应,或戒掉某个陋习,如沉迷社交媒体。
3. 每次会议都要设置议事日程、会议目标和结束时间。
4. 委婉地结束闲聊。"你看我还有事要忙"这样的措辞就很管用。
5. 批量处理邮件——我一般是一天两次。如果一收到邮件你便立即查看,这无异于让他人优先占用你的时间。记住:不要一早就查看收件箱。
6. 限制使用社交媒体的时间。
7. 吃饭要提前向餐厅预定——小洞不补,大洞吃苦。

## ◆ 劳逸结合 ◆

也许你太忙,连看完这一章的时间都没有。你还有太多的麻烦要解决。例如,你的浏览器上还开着25个标签页,全是你的待办事项。当生活令你不堪重负时,你总是自动给自己加压,加倍努力,以挺过难关。你告诉自己,你可以再早起一小时,把午餐时间也省出来,累了再喝杯咖啡。你相信,只要翻过眼前这座大山,往后就是一片坦途了。可问题是,这只是异想天开。翻过这座山,还有更高的山在等着你。所以,下次,当你被生活压得喘不过气来时,别再一味给自己加压、增加自己的工作量，可以试试反其道而行之，劳逸结合。

人的大脑总在想方设法地保持专注。有一项研究发现，当人们在听枯燥的演讲内容时，大脑会自作主张地更改演讲的语言，令自己更感兴趣。大脑是在尽力促使我们保持专注，但这样做非常耗费精力。

所以，大脑更愿意人们能够劳逸结合。你在什么时候能做更多的引体向上？是刚开始锻炼时，还是举哑铃2小时之后？答案恐怕是前者。同理，人的大脑也是如此。如果你一连3小时盯着眼前的这份报告，却没有任何头绪的话，那这样的专注其实是没有意义的。此时，你应当做出调整。有研究结果表明，长时间专注一项简单的任务反而会影响人的表现。我们需要有计划地劳逸结合，这和不要连续做半小时的俯卧撑是一个道理。

劳逸结合的方法有很多，它们不仅能使我们保持专注，还有助于我们养成健康的生活习惯。

> 简单生活可以是快乐的、丰富的、有创意的，但一点也不简单。
> ——多丽丝·简森·朗埃克

### ◆ 20-20-20 休息法 ◆

我们虽不知道整天看手机究竟会有哪些长期影响，但对其短期危害还是清楚的。在正常情况下，人的平均眨眼频率是18次/分钟，而在使用电子设备时，这一频率会降至4次/分钟，降幅多达70%。手机屏幕发出的蓝光会引起视疲劳，而视疲劳对人的主要影响就是令人全身感到疲劳。

为对抗视疲劳，提高工作效率，我开始尝试20-20-20休息法。

THE FOCUS PROJECT: THE NOT SO SIMPLE ART OF DOING LESS
**思考断舍离：** 如何依靠精准努力来达成目标

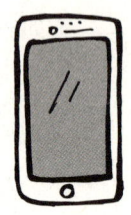

**1.** 每隔20分钟，休息1~2分钟。

**2.** 活动身体——一般都是很简单的动作，如起立站一会儿或走到饮水机旁。

**3.** 找一个20英尺（约6米）以外的目标物（如树、指示牌），注视20秒。

"20—20—20休息法"是由"视觉功效学"领域的专家杰夫·安舍尔（Jeff Anshell）博士提出的。安舍尔博士是在接诊了多位有奇怪的视力问题的病人之后，想出这个方法的。他在这些人身上找到的唯一线索是——他们都长时间使用电脑。

安舍尔博士介绍，"20—20—20休息法"的基本原理来自一项实验，该实验发现更频繁、更短暂的休息能缓解肌肉骨骼疾病患者的症状。于是，他将这一发现应用于视觉系统。

虽然每20分钟休息一下适用于大多数人，但也不是绝对的。你需要找到最适合自己的节奏。有些人可能每30分钟或40分钟休息一次效果更佳。对我而言，"20—20—20休息法"最有效，不过还有一些常见的休息方法同样功效强大。

September · Mindfulness
9月 · 正念

### ◆ 番茄工作法 ◆

这种方法的名称源于一种番茄形状的厨房计时器。所谓番茄工作法，就是不间断地专心工作25分钟，然后休息5分钟。在休息时，你可以伸伸腿、喝杯水或去趟洗手间。当计时器再次响起时，你就得重新投入工作。在第四段番茄时间后有一个福利，你可以休息15分钟，甚至更久。我第一次接触这个概念是在大学时期，父母当时给我买了一本学习指南，名叫《有志者门门A》(*Where There is a Will There is an A*)，该书有一个观点我至今记忆犹新，它强调把学习时间划分为一小段一小段，劳逸结合，更有助于提高学习耐力，延长学习时间。这个方法果然使我的成绩突飞猛进。在图书馆学习时，我常常每20分钟休息一下，走到饮水机旁再走回来。如果想多休息一会儿，我就走去男女混坐的桌子旁。我偶尔也会枕着书小憩一会儿（别笑话我，这事谁没干过）。

### ◆ 52/17 ◆

时间管理应用软件DeskTime发布的一项研究结果显示，大多数高效人士都是工作52分钟后，再休息17分钟。

这种方法的秘诀在于，要百分之百地专心。换言之，无论你在做什么，都要全神贯注。

正如DeskTime公司所言，"在工作的52分钟里，你必须一心一意地完成任务，做好工作，取得进展。然后，在休息的17分钟里，你要完全从工作中抽身，彻底放松"。

THE FOCUS PROJECT: THE NOT SO SIMPLE ART OF DOING LESS
**思考断舍离：** 如何依靠精准努力来达成目标

## ◆ 脉动暂停法 ◆

这一方法得到了The Energy Project公司创始人托尼·施瓦茨（Tony Schwartz）的认可。与前面几种方法一样，此方法也提倡专注工作（脉动）和休息（暂停）交替进行。

在脉动暂停法中，每个工作周期长约90分钟。施瓦茨的研究结果表明，人体每90分钟就会自动从全神贯注的状态转入生理疲劳状态。身体会向人们发出需要休息的信号，但人们常用咖啡、能量饮料和糖来掩饰它们……或继续调动体内储备的能量，直至精力耗尽。

我的建议是，各位自行尝试以上方法，选择最适合自己的。大家只要记住一个宗旨：有策略性地放松大脑是绝对有益的。对我来说，"20－20－20休息法"效果最佳，但对你们未必如此。

## ◆ 匿名戒酒会的"十二步计划" ◆

参加过任何"十二步计划"的人，可能都知道这计划最早是用于帮人戒除酒瘾的。匿名戒酒会的这个计划，多年来帮助许多人成功戒酒，因此被广泛应用于许多其他领域。

这些计划中的一些关键技巧，也能帮助我们更好地集中注意力。这类方法有助于我们确定不做什么，从而制定禁止事项清单。

有多项研究结果证实，智能手机和社交媒体会令人成瘾。如果手机不在身边，很多人就会感到焦虑不安，这就是成瘾症状。在多数情况下，这种成瘾症状不如毒瘾、酒瘾或性瘾那么严重，但也应引起我

September • Mindfulness
9月・正念

们足够的重视，及时戒断。

## 匿名戒酒会的十二步戒酒法

1. 我们承认自己对酒精毫无抵抗力，生活已经完全失控。
2. 我们认识到有一种超乎自身的力量，能使我们恢复正常的心智。
3. 我们决心将自己的愿望和生活交付给各自理解的超乎自身的力量去照管。
4. 我们要进行一次彻底的、无畏的道德自省。
5. 我们向超乎自身的力量、向自己、向他人坦承我们的错误行为的根源。
6. 我们已经做好准备，请超乎自身的力量除去我们品格上的弱点。
7. 我们谦卑地恳请超乎自身的力量除去我们的弱点。
8. 我们列出曾被我们伤害过的人的姓名，并自愿补偿他们。
9. 我们在不伤害他们或其他人的前提下，尽可能地补偿他们。
10. 我们不断地自我检讨，只要出错，立马承认。
11. 我们通过祈祷和冥想，有意增强与我们理解的超乎自身的力量之间的交流，只求得知它的旨意，并获得遵旨行事的力量。
12. 我们在践行这些步骤、获得精神上的觉醒后，应该尽力将这一信息传达给其他嗜酒者，并在一切日常事务中贯彻这些准则。

这是"十二步计划"最原始的文本，乍看上去，似乎很难与整天捧着手机的我们有什么关系。然而，经过美国心理学会的提炼和概

THE FOCUS PROJECT: THE NOT SO SIMPLE ART OF DOING LESS
**思考断舍离：** 如何依靠精准努力来达成目标

括，你更容易看出此法在戒除使用手机成瘾方面的功效。

- 承认自己无法控制自己的沉迷或强迫行为。
- 意识到有一种超能力可以给予我们帮助。
- 在互诫者（有经验的成员）的帮助下反省过去的错误。
- 弥补自己犯下的过错。
- 学会用一种新的行为模式生活。
- 帮助其他有相同成瘾症状或强迫行为的人。

> 许愿和计划是同样耗费精力的。
> ——埃莉诺·罗斯福

如果你本人或身边亲近者主要是由于沉迷某种事物而无法保持专注时，如沉迷手机、社交媒体，或对某种药物成瘾等，那么加入互诫小组、制订"十二步计划"肯定有所帮助。

## ◆ 个性会随年龄的增长而改变吗？ ◆

对多数人而言，做到从未有过的专注，无异于创造一个"新的自我"。

在此过程中，我们多会思考这样一个问题：个性究竟是与生俱来的，还是可以随时间而发展改变的？

数百年来，个性一直被视为人天生固有的，所以出现了"江山易改，本性难移"这样的格言。

但是，在近几十年间，这一观点受到了挑战。如今，许多人相信，人可以通过主观努力有意识地改变自己的性格而变得更加优秀。

作为绝对的乐天派，将半杯水视为一半装满空气、一半装满水的人，我坚信人的性格可以往好的方向发展。但是，科学研究会支持我的这个观点吗？

关于人的性格究竟是天生固有的还是后天可以改变的，50多年的研究数据已经给出了答案。

有关研究结果表明，虽然人性中的一些特质持久不变，但也有一些会随时间发生重大的转变。有人还专门进行跟踪实验，对人在高中时期和退休后的个性进行研究，时间跨度长达50年。

随着年龄的增长，大多数人的个性的转变都是积极的。据这份研究报告的主要撰写人、休斯敦大学心理学助理教授罗迪卡·达米安（Rodica Damian）介绍，"一般来说，随着时间的推移，人会变得越发勤恳，情绪更稳定，也更随和"。而像体贴、亲切、情绪稳定这类性格特质本不会随年纪的增长而改变。

《心理学与老龄化》杂志（Journal of Psychology and Aging）曾发表过一篇研究报告，认为人的个性会随年龄而改变。这项研究的被试者平均年龄为77岁，他们接到的任务是对自己青少年时期的个性进行评价。虽然个性转变是潜移默化的，但时间一长，这些变化就会显露出来。

研究人员发现，除情绪稳定和有责任心之外，被试者在青少年时期和老年时期的性格几乎没有太多相似之处。所有被试者在自己人生的这两个阶段判若两人，一个是青少年的自己，一个是77岁的自己。个性评估跨越的时间越长，被试者在两个时期个性的关联性就越小。研究结果表明，当时间跨度延长至63年时，前后两个时期的个性几乎毫无关系。

因此，若干研究结果表明，事实上，个性的确会随年龄而改变。有时个性的转变并不明显，有时个性的改变非常显著，尤其经历了较长的时间跨度之后。

### ◆ 撞车试验 ◆

1974年，洛夫特斯（Loftus）和帕尔默（Palmer）进行了一项撞车实验，旨在揭露人的记忆会有多大的欺骗性。二人特别好奇，提问方式究竟会对目击者的记忆产生多大的影响。只是改变提问的措辞，就会影响目击者的记忆吗？

在第一次实验中，被试者被要求先看一些交通事故视频片段。然后，研究人员对他们提问，请他们描述事故情况。

研究人员会提出一些具体问题，例如："两车发生猛撞/撞击/碰撞/磕碰/剐蹭时的车速是多少？"提问者使用的动词（猛撞/撞击/碰撞/磕碰/剐蹭）不同，被试者的回答也随之改变。

像"猛撞"这类程度更严重的动词会诱使被试者认为车速更快，而像"磕碰"这类程度较轻的词则会令被试者认为车速并没有那么快。

这项实验的结果表明，提问的措辞会影响被试者的认知和记忆。

这项实验对于我们的启发是，语言非常重要——我们对他人和自己所说的话。我们在自言自语时关注的词是什么？我们只要使用更积极的措辞就能带来显著的变化。我们决不能成为总用语言击垮自己的"高手"。

### ◆ 本章小结 ◆

**本月大事**

脑力是极其珍贵的。我们总是努力挤出时间改善体力,却鲜少给大脑留出休息时间。

**本月得分:** *C+*

本月得分为C+,但我的走神情况有了明显的好转。我应该在正念练习上花更多的时间,但总的来说,我已经在朝着正确的方向努力了。

**关键要点**

1. 有时候,有意什么也不做比做什么都好。
2. 活在当下。
3. 劳逸结合有助于振奋精神。

OCT
10月

奉献

Giving

THE FOCUS PROJECT: THE NOT SO SIMPLE ART OF DOING LESS
**思考断舍离：** 如何依靠精准努力来达成目标

研究结果表明，当我们主动帮助他人时，会感觉更好。关于这一点，无须研究来告诉我。助人为乐总能令我感到满足，但繁忙的日程总令我无法抽身。从本月开始，我将主动为义务服务留出时间，先从周日去教会做义工开始。我知道，与许多人相比，我这点奉献不算什么，但对我而言，这是我主动往正确方向上迈出的一大步。

在进行这项计划之前，每当工作忙起来（其实一直如此）时，首先被挤占掉的就是做义工的时间。无论何时，这都不对。我必须把"想要助人为乐"变成"必须助人为乐"。

下面一些内容的主题有关乐善好施，这似乎有些"跑题"。在这个月，我想通了一件事：我专注地做好非慈善或非义务活动，之后就能有更多的时间去行善助人。本章中的许多事例和研究都是有关如何更高效地管理和利用时间的，因为只有这样，我们才能更好地将自己的时间、财富和才能奉献给那些有需要的人。

### ◆ 填满他人的桶 ◆

我的7岁的女儿有一个新年计划，是每天帮他人填桶。这个想法源于卡罗尔·麦克劳德（Carol McCloud）的一本书——《今年你填桶了吗？——儿童日常快乐指南》（*Have You Filled a Bucket Today? A Guide to Daily Happiness for Kids*）。

这本书讲的是，每个人都有一个看不见的桶，我们需要将它填满。我们也可以通过善行，帮他人填满桶。相反，如果我们欺负他人，对他人恶语相向，虽然在当下会有满足的快感，但这类言

> 偷闲打盹可得一时之乐，在河边垂钓可得一日之乐，继承遗产可得一年之乐，唯有乐善好施，可得一生之乐。
> ——中国谚语

October · Giving

10月·奉献

行是在窃取他人桶中之物。而你从对方桶中夺来的快乐，根本放不进自己的桶里。其实，欺凌、斥责等负面言行消耗的，不仅是受害方桶中的快乐，对加害方也是如此。

如今，我不再问女儿们每天做了什么，因为天下父母都知道答案："没什么。"我开始换一个问法："你今天帮谁填桶了？你让谁的生活更美好了？今天谁让你笑了？"这样的提问令我对她们的回答满心期待，也使我开始想帮助他人填满桶，而当他人给我帮助时，我也心怀感激。

我不再为一些琐事而烦恼，其实这些烦恼本来不值一提。例如，我曾不耐烦地抱怨："我对服务员说三遍了，在我女儿的汉堡里不要放奶酪。这事有那么难吗？"真正做到不烦躁实属不易，但在这个月，每当感到焦虑时，我就会停下来深呼吸，尽量用"我能帮谁填满桶"这样的问题来化解自己的负面情绪。

◆ **说出我的名字** ◆

在人际交往中，记住他人的名字是表达友善的一种很棒的方法。但是，很可惜，记名字不是我的强项。为了在社交场合中游刃有余，我在手机上所有联系人的后面都备注了最可能遇到他的地点（如学校、餐厅、篮球场、工作场所）。这样一来，当去取干洗好的衣物时，我就知道干洗店的工作人员叫克斯汀，而不是克里斯汀。

还有一招，当有人为你引见某人时，最好说"很高兴见到你"，别说"很

> 还记得那个辞职的小伙子吗？我也不记得了。

高兴认识你"。如果你们之前就见过几次,这样说就可以避免尴尬了。

### ◆ 禁用"7" ◆

在编写这本书时,我用了一位大学辅导员教我的一个方法——在评分时,永远不要打7分。

– 1 · 2 · 3 · 4 · 5 · 6 · ✗ · 8 · 9 · 10 –

写完全书后,我曾经邀请家人、朋友、粉丝和团队成员试读,并请他们用1~10分来给每个章节打分,唯一的要求是不能打7分。他们可以使用除7以外的任何数字,3、5、9都行,唯独不能用7。

对于书稿,我只想保留精华部分。因此,我定了一条规则,评分低于8分的章节一律删除。

"禁7原则"对于大多数评估工作都是非常实用的。禁用数字7可以令结果大不相同。你要么打8分,要么打6分;而8分代表优秀,6分只是勉强及格。所以,去除"模棱两可"的7分之后,整个情形就会发生变化。多数人在面对难题时,总是习惯性地当好好先生;从1到10,7就成为他们的挡箭牌。"禁7原则"使他们失去了挡箭牌。

在确认家人或团队成员的状态时,"禁7原则"格外有效。

你是不是经常询问他人过得怎样?对方是否总是机械性地回一句"不错"或"很好"?有时我们很难过,却还是会回复别人一句"很好"。这就像餐厅服务员问我们菜合不合口时,只要没有食物中毒,哪怕难吃至极,我们也会不咸不淡地回一句"还不错"。

October · Giving
10月·奉献

在职业生涯中,我曾经与多个团队合作,我发现了一个奇怪的现象——多数企业只对员工进行年度考核。这太荒谬了!我认为,对团队成员状态的关注应该是每天必做的工作,而不是一年一次。因此,我常常会询问我的团队成员和家人:"从1分到10分,你给自己打几分?"

在收集他们反馈的过程中,我开始设置一些调查参数——问题越具体,答案越清晰。我给出的两点提示是:

1. 不能打7分。
2. 不能打10分——没有人是完美的——9.99分可以,但10分不行。

接下来就是重点了,这也是大多数人常犯的一个错误,因为我自己最初也是如此,所以想帮各位提前规避一下。具体做法如下:

我每次让队员给自己打分时,都只涉及他们的工作状态,仅此而已。从理论上讲,这没有错。我们是同事,当然只谈工作了。当我是团队负责人时,更要公私分明,亲疏有别。结果,我发现真正的关键在于询问队员的整体状态——既包括工作与家庭,也包括身心健康、思想状态等。这种询问不仅体现了人文关怀,也能得到一些参考信息。

在我懂得询问整体状态之前,我与队员的对话是下面这样的。

我: 萨拉,从1分到10分,你给自己打几分?
萨拉:应该是8分或9分吧。

太棒了!她应该在我们这里干得很开心。第二天或下一周,我又会问她同样的问题。

THE FOCUS PROJECT: THE NOT SO SIMPLE ART OF DOING LESS
**思考断舍离：** 如何依靠精准努力来达成目标

  我： 萨拉，从1分到10分，你给自己打几分？
  萨拉：（叹气）3分左右吧。

  天哪！我的脑中立刻响起了警报，我们究竟做了什么惹萨拉不高兴了？如果工作状态只有3分的话，她很可能会离开公司，而她对我们团队太重要了，我们都喜欢她乐观积极的态度。我们究竟做了什么令她如此难受？我开始绞尽脑汁，想象各种世界末日般的场景。等等，我好像少了一些参考信息。

  我不知道是否因为萨拉的狗生病，还是她最近炒股赔钱，或她的父母要离婚，或她和男友正在闹分手。这些我完全不知道。为更好地掌握情况，我现在先让队员评估自己的生活，再给工作打分。

  我： 萨拉，从1分到10分，你给自己的生活打几分？
  萨拉：（叹气）3分左右吧。
  我： 那在团队的工作呢？
  萨拉：8分。

  这下，我心里有谱了。我知道工作对她的生活是有积极影响的。如果萨拉愿意，我们还可以一起聊聊她的烦恼，看看我能否帮上忙。

  工作与生活的和谐至关重要。如果萨拉的工作状态不好，她的生活状态也很难达到最佳水平，反之亦然。两者是互相影响的。有人可能认为，公司举办活动，邀请员工全家出席的做法难以理解。对我个人而言，此举意义非凡。为何要将员工的生活圈拒之门外呢？这让我意识到多行善举不仅是出钱出力，也包括善待亲人和同事。花一些时间让他们知道，你真的在乎他们。

October · Giving
10月·奉献

记住：人们不在乎你知道什么，除非他们知道你在乎他们。

## ◆ 富兰克林效应：好人缘是麻烦出来的 ◆

我们在寻求他人帮助时，常会感到焦虑和不自在，这是正常的。人类的本性使我们担心自己的问题会给他人造成负担。我们总怕麻烦别人会让对方讨厌我们。

可是，本杰明·富兰克林就不这么认为。在政治生涯的某一时期，他必须争取另一位政治家支持，可偏偏那位政治家坚决反对他提出的政策。

那位政治家收藏了一本很珍贵的书。于是，爱看书的富兰克林就给他写了一封信，想借书一读，对方应允了。数日后，富兰克林在还书时，恭敬地附上了一封感谢信。这一来一回之后，那位政治家对富兰克林的态度明显友善了起来，二人最终还成为一辈子的知己。

富兰克林坚信，不怕麻烦他人正是自己人缘好的秘诀。事实果真如此吗？请求他人帮助真的会令对方更喜欢我们吗？

1969年，在富兰克林逝世近两个世纪之后，琼·杰克（Jon Jecker）和大卫·兰迪（David Landy）两位心理学家决心对此进行验证。他们将被试者分成三组。实验助理告诉第一组被试者，此项研究由心理学系出资，但眼下经费吃紧，问他们能否归还参与此次研究的酬劳。而主持实验者亲自告诉第二组被试者，此项研究由其个人出资，如今资金短缺，不知他们能否把酬劳还给他。第三组被试者成功拿到了酬劳。该研究发现，被主持实验者亲自请求归还酬劳的被试者，对他的好感度最高，而被允许收下酬劳的被试者对他的好感度最低。这表明富兰克林的理论有一定的道理——当你亲自向

THE FOCUS PROJECT: THE NOT SO SIMPLE ART OF DOING LESS
**思考断舍离：** 如何依靠精准努力来达成目标

他人寻求帮助时，对方会更加喜欢你。

东京法政大学心理学家新谷优（Yu Niiya）在美国和日本也分别进行过类似研究，结果发现被试者更喜欢向自己寻求帮助的其他被试者。如果研究人员请求他们帮助其他被试者，或者由"中间人"代替其他被试者向他们寻求帮助，那么他们对求助者的好感并不会增加。也就是说，多数人乐于助人，而且更喜欢别人亲自向他们求助，而不是由他人代劳。

这个月的主题是助人为乐，但求助于人也是帮助他人的一种方式。当你向他人求助时，你就赋予了对方奉献和行善的权利，令其得以享受行善的乐趣。

此外，当他人主动向你施以援手时，不要断绝他们帮助你的机会。在帮助你的过程中，他们也能收获自信，所以这是一件双赢的好事。对于这一点，很多人难以接受。我们常会固执地声称"我自己就行"，婉拒他人的好意，因为我们不想给别人添麻烦。但是，现在你必须转变思想，你要明白，当你允许他人帮助你时，其实也是在帮助他人收获快乐。

所以，这个月，请帮自己一个忙，不要拒绝他人的帮助。此外，去向他人求助，试试"禁7原则"。

## ◆ 关注理财 ◆

对多数开展专注计划的人来说，关注理财应该是高居榜首的。无论是为摆脱债务还是采取多元化投资组合，无论是调整财务状况还是为未来制订财务方案，都需要专注理财。

在我的专注计划中，并没有"理财"一项，那是因为在之前的几个月，我已经对自己的理财现状进行了深入研究。我不仅阅读了大量金融类书籍，还听了一些顶级金融专家的讲座，也采访了数位金融大亨，最终大致概括出如下理财建议：

1. 从今天开始储蓄——试着将收入的10%存起来。
2. 不要陷入信用卡债务泥潭，若已身陷其中，尽快脱身。
3. 相比持币观望，伺机而动，投资股市反而风险更小。毕竟没人能精准把握市场时机。
4. 投资指数基金，而不是单只股票——从长期来看，指数基金是无往不利的。
5. 分散投资（房地产、股市、不同的指数基金、跨国投资、债券、信用违约互换产品等）。
6. 投资那些有经常性支出的项目（租赁资产、有股息的指数基金等）。
7. 不要支付隐性管理费——这些费用会积少成多。
8. 谨慎节制，从长计议——时间是你的朋友，而复利是你最好的朋友。
9. 不要忘记第8条。

一个不变的真理：如果我们能够省下更多，就更有能力去帮助他人。

## ◆ 预见与避免干扰 ◆

想有更多的时间去帮助他人，就得学会不虚度时光，尤其是工作时间。

THE FOCUS PROJECT: THE NOT SO SIMPLE ART OF DOING LESS
**思考断舍离：**如何依靠精准努力来达成目标

> 所谓穷人，不是拥有的东西太少，而是想要的东西太多。
> ——塞内加

在职场中，近半数人工作15分钟就会走神，即使还能重新投入工作，也需要花费25分钟才能集中精力。微软研究实验室（Microsoft Research Labs）发现，在受到邮件等因素干扰后，40%的被试者会转而投入其他工作中。

超过半数的人表示，每天因受到干扰而浪费的时间超过一小时。没完没了的新邮件、叽叽喳喳的保洁员、突然袭来的疲惫感或压力感，几乎任何事情都能令我们受到干扰。

为揭示持续性干扰的影响，《纽约时报》联手卡耐基梅隆大学设计了一款实验，以确定干扰对脑力的影响。在实验过程中，被试者被分为三组，完成同一项任务。

我们将这三组简称为：

1. 禅修组（平静，零干扰）
2. 被干扰组
3. 高警觉组（预见会有干扰）

不难想见，禅修组应该表现得最佳，而被干扰组和高警觉组则表现很差。事实的确如此，这并不稀奇。真正令人震惊的是，受到干扰的两组效率大减，出错率竟比禅修组高出20%。这是什么概念呢？这就相当于将一个能得B的学生降为了不及格（62%）的学生。在受到干扰后，即使能够重新投入工作，人的脑力也明显受损，出错率骤增。

这项实验的第二部分就更有趣了。这次，高警觉组并未真正受到干扰。预期的干扰并未真正发生，结果被试者的表现反倒提高了44%，甚至超过了对照组。训练预见干扰的能力，对我们大有裨益，哪怕预

October · Giving
10月·奉献

见的干扰最终并未发生。

此外，设置最后期限也能使我们的表现更加出色。事实上，如果不设限，多数人可能根本无法完成工作。为重大事项设置截止日期的另一个原因在于，强制终止可能会提高人们的决策力和工作效率。无论解决任何问题，都应设置最后的期限。当然，给自己设限绝非易事，因为一不留神它就真的成了我们的"死期"，但这正是关键所在。

由于工作分心的代价极高，一些公司专门出台制度限制或完全禁止影响员工专注度的事项（例如，限制内部邮件的使用）。雅培子公司Abbott Vascular的副总裁杰姆·雅各布斯（Jamey Jacobs）发现自己手下的200名员工被回不完的邮件和做不完的工作弄得焦头烂额。

为解决这一难题，雅各布斯提倡使用电话办公。果然，员工的工作明显提速增效了。明明一通电话就可以解决的问题，员工们却经常用费时费力的邮件或短信来沟通，而雅各布斯的方法帮他们改变了这一习惯。

如果你经常受到同事、信息或电话的干扰，那就找一间小会议室，抱着你的笔记本电脑躲进去安安静静地工作几个小时吧。如果在家办公嫌吵，你就去一家咖啡馆或公园待着。还有一个小窍门，不打电话时也把耳机戴上，这样别人一般就不会来打扰你了。

作家们早就知道专注对于创作出精品的重要性，所以常常离群索居，远离喧嚣。梭罗正是在林间隐居两年，才写就了名作《瓦尔登湖》（1854年）。我们不必如此，但如果能在惬意时效仿一二，也不失为生活方式上的一个积极转变。

俗话说，文体不分家。美国橄榄球联盟和职业棒球大联盟（MLB）的球队，也会去偏远地区集训。美国橄榄球联盟的球队常在各自城市周边的小镇进行为期数周的集训，而职业棒球大联盟的球队则会前往

## THE FOCUS PROJECT: THE NOT SO SIMPLE ART OF DOING LESS
**思考断舍离：** 如何依靠精准努力来达成目标

温暖宜人的小镇进行春训。许多企业也常在景色优美的郊外举办会议或静修活动。总之，一切能简化生活的改变都是好的。

干扰分为两种，外在干扰和内在干扰。外在干扰包括办公室吵闹的笑声、窗外嘈杂的火车声、同事找你闲聊或空姐在广播中喋喋不休。我们经常以为影响自己的主要是这类直观的干扰因素；其实，使我们走神的往往是内在的干扰。

内在干扰就是我们大脑中持续不断的思想噪声，它们的出现往往与情绪有关。如果我们与伴侣闹了矛盾，那之后无论做什么事都很难集中精神，所以才有"不要把怒气带上床"的说法。要想睡个踏实觉，最好先把矛盾解决，否则恐怕长夜难眠了。为何如此呢？因为人脑中控制注意力和情绪的部分都位于前额叶皮质区。

人的大脑的确拥有化解压力的能力，所以人们才能摆脱负面情绪。但是，在压力被化解之前，大脑需要一直与之抗衡。

当梭罗逃到瓦尔登湖畔时，他才意识到，就算能够将外界的喧嚣抛在身后，自己的种种思想也无法留在波士顿，内心的干扰会如影随形。不过，没有了外在干扰，他得以有更多的精力来解决内心的冲突——他是谁，又想成为谁。

加州大学圣巴巴拉分校的乔纳森·斯库勒（Jonathan Schooler）表示，在日常活动中，人们至少有30%的时间在走神，而有时（例如，在开阔的公路上开车时）甚至有70%的时间在走神。

你可能前不久就有过这样的经历。例如，突然回过神来，竟没意识到自己开了30分钟的车，想想就后怕。

当然，走神也有好处。有时走神可以提高人的创造力和解决问题的能力。我们不应该让大脑始终处于绝对专注的状态，它也做不到。我们的目的不是完全杜绝走神，而是能够在必要时保持专注，不被干扰和分心。

### ◆ 开车发短信比酒驾更危险 ◆

有关开车发短信的后果已经暴露了一心多用的危害。如果你反复规劝自己的伴侣或孩子不要一边开车一边发短信或发微博信息,但他们依旧我行我素,那就给他们看看《人车杂志》(Car & Driver Magazine)的一项测试结果,看看不同情况下驾驶员的反应时间究竟有多大差别。

该测试结果显示,当车速达到70英里/小时(约113千米/小时)时,驾驶员在酒驾状态下的反应距离(从发现危险到开始制动的距离)比正常专心驾驶时要长8英尺(约2.4米);而一边开车一边发短信时,驾驶员的反应距离甚至比酒驾时还要长40英尺(约12米)。最重要的是,在一边开车一边发短信的状态下,驾驶员的反应速度比酒驾时慢5倍。所以,一心多用可能会毁了你的车、你的事业、你的健康,甚至你的生命。

### ◆ 福特的专注 ◆

艾伦·穆拉利在福特公司任职期间,我曾经有幸与他同台演讲。当时,我被他的事迹深深打动。刚从波音公司跳槽到福特公司时,穆拉利就发现福特公司的企业文化存在不少问题。有一回,他将车停进高管停车区,竟然惊讶地发现里面一辆福特汽车也没有。放眼望去,那些正在被清洗、打蜡和抛光的车辆全是路虎、捷豹、阿斯顿-马丁这

THE FOCUS PROJECT: THE NOT SO SIMPLE ART OF DOING LESS
**思考断舍离：** 如何依靠精准努力来达成目标

类陆续被福特公司收购的品牌。就在那一刻，穆拉利意识到改革势在必行。如果高管们只关注普通人买不起的豪车，那么福特公司就根本没有翻盘的可能。

不仅如此，福特公司旗下品牌众多，导致市场混乱。这正如穆拉利所说，"什么都想卖，就什么也卖不好"。从此以后，福特公司就着力于打造福特品牌。

决定不做什么和决定做什么同样重要，这也正是专注的意义所在。正如前文所述，禁止事项清单（或称搁置清单）决定待办事项清单。

穆拉利集全球20万名福特公司员工之力，主推福特品牌。他的"一个福特"理念，还衍生出了"一个福特"创新战略，具体包括三点：

1. 将所有福特公司员工凝聚在一起，打造一支全球化团队。
2. 充分利用福特公司特有的汽车文化与资源。
3. 生产受众度高的汽车和卡车产品。

为向所有员工灌输"一个福特"战略，穆拉利给所有人派发了信用卡大小的塑料卡片。卡片一面写着"一个福特"，另一面写着"一个团队、一个战略、一个目标"。穆拉利甚至随身携带多余的卡片，供员工在需要时使用。虽然现在是数字时代，但实物依旧是很管用的提示物（如前文提到的回形针）。穆拉利相信，人们越清楚自己所做为何，就越有动力、越兴奋、越受鼓舞。

◆ 训练与实践 ◆

我们在这项计划中反复强调，保持专注的一个关键在于，制约一切影响我们的外在干扰和内在干扰因素。

神经科学家曾经进行过著名的"斯特鲁普实验"（Stroop Test），用不同颜色书写单词，所有单词用黑色或灰色写成，要求被试者大声说出单词的颜色（灰色或黑色），而不是念出单词。对人的大脑而言，识字比辨识颜色简单得多。所以，在进行如下测试时，当看到d选项时，我们的大脑会不自觉地反应成"灰色"，而不是读出它的真实颜色（黑色）。

a. **黑色**  b. **灰色**
c. **黑色**  d. **灰色**

> 信息涌入大脑，就像拿着消防水管对着茶杯猛喷。
>
> ——斯科特·亚当斯

我们需要压抑自己下意识的反应，才能不把d选项读成"灰色"。随着科技进步，科学家能够用复杂的扫描仪检测到大脑在尽力掌控本能反应。这种活动在位于太阳穴后面的大脑左腹外侧前额叶皮质（VLPFC）最为活跃。从某种意义上说，即使我们明明看出"灰色"二字是黑色的，也会情不自禁地念字，而不是说出颜色。

在《高效能人士的思维方式》（Your Brain at Work）一书中，作者戴维·罗克（David Rock）将人脑比作一辆车。罗克解释，人脑中有多个不同的"加速器/油门踏板"，分布于不同区域，分别负责语言、情感、运动和记忆。但是，人脑只有一套中央制动系统负责所有区域各种类型的制动。也就是说，我们的大脑有很多油门踏板，但刹车踏板只有一个。

如果你有一家汽车公司，正在研发一款新型汽车，那你一定会确保它的制动系统使用的是最坚固可靠的材质，因为刹车失灵可不是闹着玩的。然而，人的大脑正好相反。人脑的制动系统属于前额叶皮质的一部分，是人体最脆弱、最不稳定、最需要能量的部分。正因如此，大脑的制动系统无法始终发挥出最佳性能。如果把这套系统安装在汽车上，那你刚开车时，肯定没法平平安安地开到超市。了解这些，你就能明白以下现象：有时你能克制，不冲动行事，但要费一番功夫；有时很难控制胡思乱想；有时保持专注难于上青天。

顺着罗克的这个比喻，我们再往下想想，有效刹车的关键之一，还在于了解路况。例如，道路是否结冰，天是否快黑了。要驾驶一辆刹车系统不稳定的汽车，关键在于避开复杂的路况。

同理，我们需要时刻关注正在做的事情。就像汽车的自动制动系统（ABS）一样，我们应该时常停下来问自己：我还在做10分钟之前的那件事，还是分心了？我现在做的是我应该做的事吗？简而言之，你要定期踩下刹车，确定自己走在正确的道路上。

## ◆ 像摘番茄的农民一样利用时间 ◆

一个摘番茄的农民成功与否，部分取决于他的采摘效率。采摘的效率越高，能卖的番茄就越多。

哈佛大学商学院博士生保罗·格林（Paul Green）做过一项研究，研究对象是要采摘820块番茄田的所有农民，他想知道意外的干扰会对他们造成何种影响。

每隔一段时间，农民的采摘过程就会被迫中断，原因有两个：

**1.** 卡车出现故障，他们必须帮忙修车。

October · Giving

10月·奉献

**2.** 没车了，他们必须等空车回来才能继续工作。

被这两种情况打断之后，他们的采摘效率发生了截然不同的变化。那么，你认为这些中断会提高还是降低他们的效率呢？

结果，修完车再回去继续摘番茄的农民，采摘效率有所降低。格林将这种效率的降低归因于重新专注的成本，他说："当意外出现与工作无关的另一项任务时，就意味着你得把注意力转向。接下来，做先前的工作就没么容易了。因为当你要回到常规日程中时，就会涉及重启成本的问题，需要花费一些时间。"

而另一组需要等空车回来的农民，则没有重启成本。在采摘中断后，他们的效率反而有所提升。因为不知道要等多久，所以他们没有转而去忙其他的事。这一组的中断时间平均为10分钟，再重新开始采摘后，他们的平均效率提高了12.81%。格林认为，这些短暂的停工，正是"恢复精力的良机，他们的注意力也没有分散"。

其实，多数人的工作与摘番茄无关，多是终日面对电脑。那么，这项研究与我们有什么关系呢？事实上，这些研究人员对白领也进行了类似实验，得出了相似的结果。白领受到的意外干扰是电脑死机（相当于摘番茄的农民没车装货），结果发现，经过短暂的休息，再重新投入工作后，他们的工作效率会提升15%～20%。正如格林所言，效率提升的关键在于白领和农民"并未转移注意力……他们的大脑处于待命状态。也就是说，无意识的休息有助于体力和脑力的恢复"。

◆ **及时止损，拒绝堆积效应** ◆

迈克尔·帕里什·都德（Michael Parrish Dudell）是《创智赢家》

THE FOCUS PROJECT: THE NOT SO SIMPLE ART OF DOING LESS
**思考断舍离：**如何依靠精准努力来达成目标

（*Shark Tank*）系列畅销书的作者。这套书让读者得以走近那些经常现身各大电视节目的企业家，深入了解他们的个性。在创作过程中，都德接受了几乎不可能完成的任务。在创作其中一本书时，他只有三个月的时间来完成书稿。

当我问到如何在这么短的时间内创作出如此优秀的作品时，他说："首先，写作时就专心写作。无论是在咖啡馆，还是去佛罗里达的郊区，我都会尽可能地一心扑在写作上。其次，如果有一天一个字也没写，或文思枯竭的时候，我不会因此意志消沉，也不会任由这种情况发展下去。写作是一定要坚持下去的。例如，如果我的计划是每天写2000个字，但某天绞尽脑汁也只敲出100个字，那第二天我必须重整旗鼓，写出3901个字——不仅超额完成任务，两天加起来还多了一个字。"

像都德这样的精英，这种态度并不罕见。无论目标是什么，在实现的过程中，总会有表现不如人意的时候，关键在于第二天夺回控制权。如果你的目标是每天做10个引体向上，但你的女儿突然要去就医，那第二天做2组、每组10个就好了。关键是要及时止损。落下一两天，问题不大，就当给自己放假了；可是，如果你一连停了6周，然后再一天做140个引体向上或写2.8万个字，显然不太现实。这样是行不通的。

### ◆ 像对待手机一样对待自己的身心 ◆

在前文中，我们已经探讨过意志力和自我损耗的关系。将自己的身心想象成一部手机，能帮我们更好地度过每一天。每晚，我们都会给手机充电，也会用睡觉来给自己充电。这样每天早上醒来，我们就给自己充满了电。然后，我们就要去面对等着我们的种种难题，光是

October · Giving

10月 · 奉献

在脑子里想想，就已经令我们筋疲力尽了。

虽然大脑的重量还不到体重的2%，但每天仅思考就会平均消耗人体320卡路里的能量。这就意味着我们每天约20%的能量消耗在思考上。无论是洗碗，还是学习一门外语，只要我们在思考和行动，大脑就在大量消耗能量。想想我们在白天常用的"充电方式"：小睡一会儿、亲近大自然、呼吸新鲜空气、冥想、运动等。虽然这些充电方式必不可少，但同样重要的是，我们先要避免不必要的能量消耗。不要让"穿什么""早餐吃什么""去哪里停车"这类日常琐事白白耗费你的精力。我们应将这些琐事系统化，对它们开启自动模式。

负面情绪也是"耗电大户"，会削弱我们思考、推理和形成记忆的能力。保持乐观心态，避免嫉妒、悲观、紧张、焦虑等负面情绪，都是延长大脑电池寿命的好方法。

将并未上心的目标留在"待办事项清单"上，也会耗费我们的精力。我们用手机来打个比方。当我们不在使用某个应用程序时，就应该将其及时关闭。你记不记得上次开车去某地，结果一小时后从包里拿出手机，却发现手机没电了？这是为什么呢？因为你在抵达目的地后，忘了关闭导航软件。你甚至根本没有用到它，它却一直在消耗电量。

大脑就像手机一样，我们要么专心解决问题，要么将其"关闭"。我们不能让一些迟迟未决的小事一直在大脑后台运行，耗费电量。

◆ **高空友情** ◆

有天，我坐在飞往旧金山的航班上。我们的动画工作室正在为迪士尼制作一部作品，我在起飞前争分夺秒地用手机把我的创意发给了团队。飞机起飞后，我刚放下手机，就感觉有人抓住了我的手臂。在过道对面，可不就坐着我的一位好友吗？

此前，我们一直说要一起吃顿饭，可几个月过去了，两个忙碌的"空中飞人"始终没能坐在同一张餐桌前。我们都打趣说，见对方一面可真不易啊！

虽然在飞机上还有很多工作要处理，但我们还是聊了两小时，下飞机又一起坐车进市区。这是我一周最快乐的时光。工作再重要，也没有朋友重要。

要是我们都没有发现坐在身旁的对方，那该多可惜啊！

### ◆ 直面压力才能缓解压力 ◆

亚马逊创始人杰夫·贝索斯说，既然认定了某件事，就要直面随之而来的压力。其实，压力往往来自我们应该做而没做的事。贝索斯认为，努力工作不会带来压力；事实上，直面压力，往往能解决给你带来压力的事情。

请你记住，压力是成年人对恐惧的称呼。我再借用潜水教练对学生讲的一句话：恐惧（FEAR）只不过是看似真实的假象（FEAR is simply False Evidence Appearing Real）。

### ◆ 你需要精简 ◆

在麦当劳两兄弟开第一家餐厅时，他们的老式汽车餐厅可提供27种食品。餐厅里不仅有大音箱，还有穿着轮滑鞋的女服务员，令顾客舒舒服服地坐在车里就可以点餐。但是，他们不久便发现87%的客人点的是汉堡、薯条和软饮料。

October · Giving
10月·奉献

于是，他们决定精简菜单。他们对菜单中的食物进行了大幅删减，只保留了汉堡、薯条和软饮料。为寻找灵感，他们还找了一些空置的网球场，重新规划厨房区域，还让员工在里面模拟制作汉堡和薯条的过程。他们用粉笔在地上反复修改厨房结构，最终定下最便捷的点餐和取餐流程。顾客可以直接走进餐厅点餐和取餐，不用坐在车里等服务员穿着轮滑鞋为他们服务了。

> 成功的秘诀在于精，不在于多。
> ——马克·扎克伯格

新餐厅主打的理念就是简洁和高效。

两兄弟热热闹闹地重新开店，结果没等来蜂拥而至的人群，倒是来了一群苍蝇。最后，连苍蝇都打道回府了。失望了一整天的哥俩准备打烊，此时却来了一个小孩，点了一个汉堡，接着又来了一位顾客，顾客一个接一个到来，麦当劳的历史便由此开启了。据估计，时至今日，麦当劳已卖出大约3000亿个汉堡。

## ◆ 一把钥匙 ◆

我的祖父今年已经96岁了，他毕业于普林斯顿大学，"二战"时曾在海军服役。作为化学家的他，还曾经为施特罗啤酒研制过配方。他的身边也围绕着一群能人异士。有一回，我在和祖父闲聊时，来了一位我不认识的人。我问那人，幸福生活的密钥是什么。"小伙子，你已经把答案说出来了，钥匙啊！"那人说着便拿出一把房门钥匙，"我奋斗一生，就是为了这把钥匙。但是，你瞧，你拥有的钥匙越多，负担就越重，自由就越少。你可能认为成功就是拥有一大把钥匙，房子的、船的、车的、工作室的……我告诉你，其实正相反，得到一把钥匙可能是世界上最难做到的事，一旦做到，我认为你就是幸福的。"

这种精简主义在商界同样大行其道。我在知名互联网公司Travelzoo担任市场营销主管时，曾有一位新员工对公司的邮件简报提出了建议。当时，我们的简报已拥有超过3000万的订阅用户。在会上，这位新人直言应该在简报中添加更多的图片和视频，使内容更充实、形式更新潮。

他说完，整个屋子鸦雀无声，大家都在思考他的建议。这时，公司创始人兼首席执行官发话了：

多年来，我们艰苦努力，好不容易才打造出如今简洁的简报风格，为何现在要弃之不用呢？我不想用你所说的那些花哨的内容给读者增添负担。

### ◆ 走出舒适圈 ◆

无论帮助陌生人、重建公司还是重塑自我，我们都要学会适应不适。

马尔库斯·波尔基乌斯·加图（Marcus Porcius Cato），又名小加图，是罗马元老院的元老之一，竭力为斯多葛学派正名的先驱。他强调"美德即幸福"，认为圣人可以直面厄运和不幸。因此，尤利乌斯·恺撒视其为死敌。随着时间的流逝，小加图的追随者越来越多，其中就包括乔治·华盛顿、但丁、本杰明·富兰克林和罗马帝国皇帝马可·奥勒留。开宗立派的能人志士也视小加图为反抗独裁的标志性人物。

在小加图推崇的斯多葛学派思想中，有一个观点十分有助于我们

October · Giving
10月·奉献

保持专注。在那个流行穿紫衣的年代，小加图总是身披黑衣。他还常常赤脚出门，这在当时可是大忌。他甚至不穿束腰外衣，就在大街上四处溜达。这当然为他吸引了不少目光。那么，他是一个渴望被关注的自大狂吗？当然不是，他只是在锻炼自己。这些特立独行的装扮起初令他羞愧，但时间一长，他就明白不要为不值得的事感到羞愧，而应去鄙视一切真正耻辱的事。换言之，他已经学会只专注于真正重要的事，不为琐事劳神。

多年来，我一直戴一副亮绿色边框眼镜，自然没少引人注目，有人觉得傻，也有人觉得不错。像小加图一样，开始我觉得滑稽，有些害羞。可是，数月之后，我就开始领悟到小加图在数世纪前传授给我们的智慧了。学会在不适中生活，才能生活得更加舒适。这副绿框眼镜还让我明白什么才是真正重要的。即使在机场遇到的某个陌生人觉得我戴这副眼镜显得很傻，那又怎样呢？这根本不重要。这些小事都不足一提。这副眼镜让我懂得了只专注于生活中的重要部分。

你也可以去试试。当你下次走到咖啡馆前台时，别忙着下单，先问问店员能否给你打九折，或花中杯的钱享受大杯的待遇。

这些迫使我们走出舒适圈的行为，与古代先贤的思想有异曲同工之妙，都能对我们有所启示。我们可以通过反复练习，学会不为小事烦恼。

### ◆ 别再欺骗自己 ◆

假设现在是1959年，你是斯坦福大学的一名学生，正在参与一个实验项目。实验要求你把一个箱子里的空线轴都绕上线，然后再把一些钉子放到一块木板上。数头发都比这更有趣吧？

THE FOCUS PROJECT: THE NOT SO SIMPLE ART OF DOING LESS
**思考断舍离：** 如何依靠精准努力来达成目标

> 专注，就是确定什么是你不擅长的。

任务完成后，实验员对你表示感谢，并提到之前许多被试者都觉得任务很有意思。于是，你在心里嘀咕：怎么会有人觉得这个有意思啊？不过，你也没有多想。

然后，实验员面露难色，说他的同事还没来，不知能否占用你几分钟，请你帮忙向下一位被试者解释他将进行的工作多么有趣。

下一位被试者的工作依旧是绕线和放钉子。作为酬劳，你将得到1美元——这在当时足够你享用一顿美味的午餐了。而且，日后再进行有偿实验，他们会优先考虑你。你在心里盘算，觉得还挺划算。

于是，在一名学生走进房间之后，你开始向他介绍他将完成的任务多么有趣。在他出门去干活后，你有了一丝愧疚感，觉得自己给了对方过高的期望。但是，你还没来得及细想，他们就把你带到了另一个房间进行"离职谈话"。

在这里，你会被问到有关任务的一些问题，其中一个是"你觉得任务是否有趣"。你并没有脱口而出"我还不如去数头发呢"，仔细想了想后，你觉得这任务可能也没那么无聊。线轴转起来还是挺有意思的，把钉子摆成不同形状也可以解闷。而且，你这是在为科学、为全人类做贡献。这种事虽然谈不上很有趣，但也不算索然无味。

你有一个朋友也参加了这个实验，于是你俩聊了起来。有趣的是，你们的任务完全一样，但他得到了20美元，而你只有1美元！你完全震惊了，赶忙询问对方的任务细节，结果发现你俩做的事一模一样。他还说："那个任务啊，真是无聊至极。"

你坚持说这项任务不错，有些环节挺有趣，这种说法连你自己都被吓了一跳。

为什么会这样呢？你刚刚经历的内心冲突，就是认知失调。这个

October · Giving
10月·奉献

实验的目的，就是想看看人的大脑会如何处理两种相互矛盾的想法。

在这个实验中，当实验员给你1美元，让你告诉下一个被试者实验很有趣时，你的内心是矛盾的。能得到报酬固然不错，但这并不足以让你去撒谎，你不是一个满口谎言的人，尤其面对自己的朋友。为解决这个矛盾，你的大脑开始说服你：这个实验其实并不无聊。

而那位得到20美元的朋友就不会经历这番心理斗争。他撒一个谎就得到了20美元，这在1959年对普通学生来说不是一个小数目。他认为这20美元已足以成为撒谎的理由，况且自己还为科研事业做出了贡献。所以，无论实验员怎么说，他依然认为任务无聊至极。

1959年后，学术界对认知失调进行了多项类似研究，帮助人们了解在面对矛盾的观念、信仰或价值观时，内心会经历的冲突。对此，莫顿·亨特（Morton Hunt）在《心理学的故事》（*The Story of Psychology*）一书中，做了一些总结。

1. 加入某个团体时的难度越大，你越珍惜自己的成员身份。一旦加入，即使这个团体最多就是中等水平，我们也会说服自己，认为它很棒。

2. 我们会选择性注意。我们会去寻找支持自己观点的证据。所以，在大选中，争取那些"非中立人士"总是很难。政客不惜重金拉拢中立人士，因为这些人对所有观点持开放态度，而那些站在一边的人士则不然。

3. 即使行为与价值观不符，甚至有违道德，我们也会调整价值体系来迎合这一行为。例如，你在电影院工作，没人时你会偷吃那里的糖果或爆米花，而你给自己找的理由是，大家都这么干，或"我的薪水太低，这就是给我的补偿"，或"我不吃的话，爆米花就会受潮，要被扔掉"。实不相瞒，上高中时，我在电影院打零工期间就干过这种事。

当我们专注于自己的愿望和目标时，一定要确保不被自己的谎言迷惑。

我们必须对一些日常出现的认知失调信号保持警惕，下面是一些最常见的信号。

- ☐ 从明天开始。
- ☐ 今天太累，不去健身房了，明天肯定去。
- ☐ 今天突发状况太多，明天应该会好点。
- ☐ 今天本来要写200个字，但没有灵感。明天状态好了，400个字不在话下。

说这些话时，我们往往都是在骗自己。你承认吧，睡懒觉和吃巧克力就是人生美事，而专注做好自己应该做的事有时却是苦差事，所以我们就自己骗自己。

当然，我们都经历过灰暗的日子。亲人离世，因疫情被隔离，一觉醒来发现孩子生病需要就医，因为发生交通事故而大堵车——这就是生活。但是，当保持专注时，我们很少出现无法专心做真正重要的事的情况。请记住，专注永远是我们的优先选项。在编写此书的过程中，我采访过不少人，他们都表示让自己保持专注的一个最简单的方法就是，每天早晨起床后，在还没受到任何干扰时，先用30分钟专注做最重要的事。

还有一位年轻女士说："我需要允许自己在处理特定的个人情况

October · Giving
10月·奉献

时，还可以专注于自己的目标。这听起来很傻，但有时我们真的需要在面对逆境、面对生活时，继续让自己朝着目标前进。"

### ◆ 你专注的是自己该专注的吗？ ◆

专注是一回事，正确专注是另一回事。这就像你和祖母赛跑，虽然你的速度比她快一倍，可方向跑错了。那么，谁将赢得比赛呢？

> 我发现，如果你帮助别人得到他们想要的，你就会得到你想要的。

还有一个故事，从前有兄弟俩，哥哥不仅酗酒，还染上了毒瘾。每次一喝多，他就会虐待家人。而弟弟家庭美满，事业有成，是商界有头有脸的大人物。

在相同环境中成长的亲兄弟，怎么会天差地别呢？于是，有人问哥哥："你怎么能这么做呢？不仅吸毒、酗酒，还殴打家人。你究竟受了什么影响？"哥哥回答："我的父亲。他就是一个瘾君子、酒鬼，还打家人。你觉得我还能变成什么样？有其父必有其子。"

人们又去问弟弟："你是怎么做到样样都优秀呢？你的动力是什么？"弟弟的回答同样是："我的父亲。"

"小时候，我曾经亲眼看到醉酒的父亲做出种种恶行。于是，我下定决心，千万不能像他那样，我要成为和他完全相反的人。"

兄弟俩的动力都来自同一个地方，但一个专注于发生改变，另一个自甘堕落。那么，你会怎么做呢？你是盯着乌云的金边还是白板上的黑点？在我们身边，是否有人需要我们帮助，去专注于生活中更积极的一面？

THE FOCUS PROJECT: THE NOT SO SIMPLE ART OF DOING LESS
思考断舍离：如何依靠精准努力来达成目标

## ◆ 远离巧克力火锅寿司 ◆

我有幸拥有一个小型动画工作室，专门为大通、迪士尼、卡地亚等公司制作3D和4D动画短片和电影。我们与合作伙伴之间一直保持着不错的关系，但偶尔难免也有摩擦。可以说，我们之所以能拥有今天的地位，也是得益于早期经历的惨痛教训。

我们的一位早期客户想让我们制作一个2分钟长的短片，帮助销售人员开发潜在客户。他们很满意我们做出的第一版动画，只提出要"微调"。这一微调之后，就一发不可收拾。

在整个过程中，他们不断从每个后续版本中提取最满意的内容，然后像弗兰肯斯坦一样，将这些内容拼凑在一起。我们一直委婉地告诉他们，好的短片不是这样做出来的。这里取一点，那里加一点，最后的成品一定显得杂乱无章。这就像厨师在说："我喜欢巧克力火锅，也喜欢寿司，那我们就做巧克力火锅寿司吧。"只怕这是"黑暗料理"吧！

当时，公司刚刚起步，对方又是第一批客户，所以我们总想令他们满意。经过内部讨论，我们最终决定："管他呢，他们出钱，我们出力，他们想要什么，我们就给他们什么。虽然我们可能对这个方案不满意，而且会继续表达我们的顾虑，但如果按照他们的要求可以令他们满意，那就照他们说的办吧。"事后看来，一味迁就对方的要求，使我们没能引导对方找出最重要的专注点。我们没能做好本职工作。

你可能已经猜到结果了。对于这次合作，双方都不满意。这令我想起亨利·福特的一句名言："如果我最初问消费者想要什么，他们会告诉我'要一匹更快的马'。"

在充分吸取这次教训后，如今我们在合同中写明只允许修改一次——这在业内是绝无仅有的。这条严格的规定使双方决策者从一开始

October · Giving
10月·奉献

就高度专注,可以避免群体思维的干扰,不会制作出巧克力火锅寿司之类的短片。让所有人从一开始就保持专注,是制作优秀的影片、打造完美人生的先决条件。

> 什么都想要,就什么也得不到。

◆ **本章小结** ◆

**本月得分:** *B+*

这个月让我想起了一句格言:"生活就是付出。"对他人付出,对自己付出,我们要学会从谴责中解脱出来。与此同时,本月的另一个重点是不要虚度时间。只有高效管理时间,我们才能有更多的时间去帮助他人。

### 关键要点

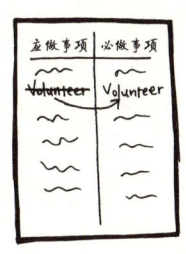

1. 将义务服务一项从"应做"栏转到"必做"栏。

   = 1·2·3·4·5·6·✗·8·9·10 =

2. 禁7原则:在用1~10打分时,禁止使用数字7,可以有效解决问题。

3. 求助他人会使你更受欢迎——本·富兰克林效应。

4. 每天都要走出舒适区。

NOV
11月

感恩

Gratitude

THE FOCUS PROJECT: THE NOT SO SIMPLE ART OF DOING LESS
**思考断舍离：** 如何依靠精准努力来达成目标

美国人会在每年11月的第三个星期四过感恩节。所以，有哪个月能比11月更适合表达感激之情呢？这些年，我欠了不少人情债，一想到要花大把时间向"债主们"挨个打电话、发短信、写信表达感谢，我就头昏脑涨。

在这个过程中，我打算用不同的方法来表达谢意。有研究结果表明，作为接受帮助的一方，"谢谢"已经成为我们的一句并不走心的常用语。这个月，我要换个方式来致谢。去常去的那家早餐店时，我不再只是说声"谢谢"了事，而是真诚地说："我一走进来你就知道我要点什么，真是太厉害了，万分感谢！"

> 不要用一个借口毁掉一个道歉。
> ——本杰明·富兰克林

### ◆ 为成功做好准备 ◆

澳大利亚研究人员发现，大笑可以令人们更坚韧。研究人员让两组被试者完成同一项复杂任务。在任务开始前，研究人员让第一组被试者看一段无聊视频，让第二组被试者看搞笑视频。结果，在完成任务时，相比第二组，第一组更容易放弃。第二组的持续力更强。更愉悦的心情会使人更加努力，坚持不懈。

这一点，仅凭直觉也不难理解。想必我们都曾说过"我现在没心情处理这件事"，所以在下次解决棘手问题之前，先给自己找一些乐子。哪怕最后结果不尽如人意，至少你还哈哈大笑了一番。

只要心态摆正，结果就会大不一样。同理，只要吃对了食物，也会有意外的收获。康奈尔大学的一项研究发现，去超市购物前吃什么，是有讲究的。在购物前吃苹果的人，最后购买的水果和蔬菜比吃饼干的人多13%。该研究的发起人康奈尔大学食品与行为实验室主任

November · Gratitude
11月·感恩

布莱恩·万辛克（Brain Wansink）博士表示："吃苹果会使购物者进入注重饮食健康的思维模式。"

无论是借助幽默视频还是健康食品，摆正心态都有助于我们磨炼出钢铁般的意志。

蒂姆·费里斯在《每周工作四个半小时》（4½ Hour Work Week）一书中，强调有效胜于无谓的高效。相比事事亲力亲为，专注于最重要的目标才是最有效的做法。

最重要事项（MIT）这一概念，是由《少做一点不会死》（The Power of Less）的作者里奥·巴伯塔（Leo Babauta）最先提出的。巴伯塔建议，在每天工作结束后，我们应当写下第二天一早要完成或解决的事项。完成这件事应该用不了一小时，我们越专注地、心怀感激地去做，完成的可能性就越大。

> 快乐不一定会令你心怀感恩，但心怀感恩一定会令你感到快乐。
> ——大卫·斯坦德-拉斯特

### ◆ 苏醒日快乐 ◆

我的好友，一位伟大的妻子和母亲——塞莱斯特·斯特恩哈珀-伍德（Celeste Steinhelper-Wood），正在与癌症病魔进行殊死较量。在进入第11轮化疗时，她在网上写下了这样一段话：

今天，是我化疗回家后的第一天，还是老样子，凌晨3点我就彻底清醒了。这不是因为什么副作用，我猜应该是注射药物后，我睡了8小时，导致生物钟紊乱了。

那么，我来和大家分享一些"凌晨感悟"吧。有一首乡村民谣

# THE FOCUS PROJECT: THE NOT SO SIMPLE ART OF DOING LESS
**思考断舍离：** 如何依靠精准努力来达成目标

叫《生日快乐》，是一位女歌手新秀唱的，她的名字我记不得了。我非常喜欢这首歌，脑海中时常回响起它的旋律。这周，我去做口腔检查时，我的老朋友兼保健师提醒我，要庆祝每个"还在土堆外面"的日子。我突然想起，其实每天都算一个小生日，或者说更像苏醒日。从另一个层面上讲，每天都值得庆祝。

所以，今天，当你苏醒时，不要为长长的待办事项清单烦恼，也不要为没能完成所有事项而内疚——大多数母亲的清单，大概只有超人才能完成。这还没完，你还有工作单、家务单、购物单、返校单，各种单令你头晕目眩。

别为这些烦心了，去花点时间，庆祝一下你的苏醒日吧！例如，与好友喝一杯咖啡、打一通电话、寄一张卡片、一个拥抱、一次亲近自然的慢跑或散步、打个盹儿、在暖阳下看一会书、去孩子的学校做义工、与家人的一次不寻常的探险、一个冰激凌、一次烛光晚餐、看一场电影、一个家庭娱乐之夜、饭后的一块甜点、一顿炸薯条配沙拉、小酌一杯最爱的红酒，或看日落。只要能让每个苏醒日都过得值，做什么都可以。

你们可以，勇士们，相信你们一定能做到。

纵使前路多坎坷，也要努力过好还能苏醒的每一天。

爱你们的塞莱斯特

> 对你拥有的要心存感激，这样你就会拥有更多。对你没有的，要学会释怀，否则你永远不会满足。
> ——奥普拉·温弗瑞

这篇文章发出几个月后，塞莱斯特就离开了我们。虽然她已远去，但她的音容笑貌和声声劝诫将长留于我们心间。向美丽的塞莱斯特致敬，也祝所有人苏醒日快乐！

## ◆ 化期望为感激 ◆

每当妻子收拾洗碗机时,我就会心烦意乱。虽然她会把刀具都放回刀架,但从不将每把刀对号入座。而我在这方面有点强迫症,好吧,其实我有很严重的强迫症。

所有露在外面的刀柄部分要整齐排列,所有刀具,从水果刀到黄油抹刀,都必须摆在各自的位置上。摆放时各归其位,这样拿取时就能节省时间了。

这个月,我悟出的一个道理是,要化期望为感激。所以,我没有再为黄油抹刀被放进面包刀的刀槽里而烦躁,反倒要感谢贤惠的妻子,要不是她,整理洗碗机的活儿就落到我身上了。于是,我又想到,孩子们的那些小玩具,要不是妻子耐心收拾,让我收拾的话,恐怕会抓狂的。

我突然意识到,没错,黄油抹刀是放错了地方,但如果没有妻子每天无私付出,我又怎能一身轻松地去拼事业。意识到这点后,我也开始帮妻子收拾玩具。慢慢地,我发现,妻子也开始注意摆放刀的位置了。我在这个月的转变是,不再期望妻子能把刀摆到正确的位置,而是感激她的付出,感叹自己幸运。

当你想抱怨时,这一招同样有效。正如《不抱怨的世界》(*A Complaint Free World*)一书的作者威尔·鲍温(Will Bowen)所言,"抱怨就像口臭,闻得到别人的,却闻不到自己的"。鲍温还发起了一项"不抱怨挑战",参与人数超过1100万人。你能连续21天不抱怨吗?

THE FOCUS PROJECT: THE NOT SO SIMPLE ART OF DOING LESS
**思考断舍离：** 如何依靠精准努力来达成目标

> 让生活更幸福的最简单的方法，就是化期望为感激。

挑战内容很简单，参与者在手腕上戴一只手镯或橡皮筋，每次开始抱怨，就把手镯换到另一只手上，挑战立即重新开始。据统计，参与者平均需要4～8个月才能完成21天挑战。请你一定坚持下去！记住，健康、幸福、成功，是你再怎么抱怨也换不来的。

### ◆ 是福不是祸 ◆

从前有一位老翁，他的一匹马跑丢了。邻居听说后，都来慰问他。邻居们说："太不走运啦！"

"可能吧。"老翁回答。

第二天，走丢的马不仅回来了，还带回来三匹野马。邻居们又发出惊叹："你真是撞大运啦！"

"可能吧。"老翁回答。

又过了一天，老翁的儿子想驯服野马，结果刚一上马就跌落地上，摔断了腿。邻居们又忙不迭地赶来安慰他："太不走运啦！"

"可能吧。"老者平淡地说。

又过了一天，官府到这个村子征兵。老翁的儿子因为断了腿，被免除了兵役。邻居们又为这个大反转纷纷向老翁道贺。

"可能吧。"老翁还是这一句。

显然，这位精明的老者早已参透祸福相生的道理。祸与福经常是相伴相依的，我们需要睁大眼睛看清这一点。正如阿甘的那句名言，"人生就像一盒巧克力，你永远不知道下一颗是什么味道"。但是，我们

> 当开始感恩时，我的整个人生都发生了变化。
> ——威利·纳尔逊

November · Gratitude
11月·感恩

可以控制自己的想法，相信一切都会好起来。当我们坚信这一点时，往往一切都会奇迹般地顺利。有机会表示感激的时候，就让我们去表示感激吧！

## ◆ 缺牙一笑 ◆

有一天，女儿审视着我的笑脸，露出疑惑的表情。她说："爸爸，为什么你下面有三颗牙比其他的牙更黄？"

"因为那几颗是假牙，真牙被打掉了。"我解释。

"哦，抱歉，爸爸！"

"不用抱歉，宝贝。不是什么坏事，那反倒是我人生中美好的一段回忆之一。"

"怎么回事呢？"

我解释，我从小到大有一个梦想，就是参加大学生篮球联赛。在我被高中校队除名后，我意识到这个梦想大概很难实现了。但是，我没有放弃，依然对篮球充满热爱。所以，在进入密歇根州立大学后，我成为校篮球队的经理人，也就是"茶水小子"。这份工作我干得很起劲，但在夜深人静时，还是会梦想成为正式球员。

在亲眼见证顶级学校篮球队队员付出的努力之后，我开始行动起来。在球员训练前后，我也开始练球，举重和跑步也没有落下。现在想来，其实在大学三年级时，我就有进入学校篮球队的实力了，但当时自己并未意识到这一点。我没有自信，不愿走出舒适圈，不愿去书写自己的故事。我甚至连试都没有试。相反，我总是自问："一个被高中校队除名的人，怎么可能为这个国家最优秀的十大学校篮球队之一效力呢？"

THE FOCUS PROJECT: THE NOT SO SIMPLE ART OF DOING LESS
**思考断舍离：**如何依靠精准努力来达成目标

在那年下半赛季，一周之内，队里有多名球员相继负伤。我被临时召入队中，进行集训。我向教练，也是向自己证明自己的时候终于来了。虽然有些紧张，但我的总体表现还是很不错的。

然后，厄运降临了。

在抢一个篮板球时，我的脸被人用肘撞击了一下，掉了三颗牙。当时，我已经镶了一颗假牙，碰巧这颗假牙被击中，我吐在手上的就是这颗假牙。但是，我没有意识到还有两颗真牙也被碰掉了，而且就掉在球员板凳旁边的地板上。我想着这是属于自己的时刻，而我又状态正佳，所以就继续忍痛比赛。我当时想的是，以后有的是补牙的时间，眼下这个机会绝不能错过，什么也阻止不了我！（至少我是这么想的。）

大约10分钟后，教练在板凳边发现了我的牙齿，而且注意到我的嘴还在流血。他赶忙叫停了训练，送我去看牙医。一路上，我觉得自己真是倒霉透了，好不容易等来机会，现在却要去看牙医。第二天，伊佐教练当着全队的面说："奎尔曼，我不知道该说你是坚强还是傻呢，大概都有点儿吧！"

在那一刻，甚至在第二年成为正式队员时，我都没有意识到被碰掉牙忍痛比赛，是发生在我身上的最幸运的一件事。伊佐教练为密歇根州立大学篮球队打造的球风，正是"磨砺和绞杀"。那一天，他在我身上看到了这种勇气和血性，于是把我最糟糕的一天变成了最幸福的一天。第二个赛季，我成为正式球员，还得到了年终奖学金。

有时，即使被打掉牙，也可能是福（for us），而不是祸（to us）。

4U 不是 2U

November · Gratitude
11月·感恩

### ◆ 学会放手 ◆

在一次午餐讨论时,话题被转到生活压力上。我的朋友说道:"我讲讲最近刚学到的一个关于压力的解释,就从这杯水说起。"

她举起一杯水,继续说道:

这杯水的绝对重量不重要,相对来说,还算轻的。不过,它的轻重不是关键,关键在于我要举多久。如果只是举1分钟,那当然不成问题;如果举1小时,我的胳膊就会开始酸了;如果举一天,你们就得帮我叫救护车了。

在这三种情况下,水杯的重量始终没有变,但我举的时间越久,它就越重……这就是压力的作用。如果我们一直背负着所有的重担,那它们就会变得越来越重,我们迟早会崩溃。举这杯水的时候,我们要时不时地把它放下来,休息一下,再重新举起来。休息好之后,我们就能重新挑起这些重担,也能更好地、更持久地承受这些压力。

所以,我们每晚都应尽早卸下所有的重担,不要肩负着它们入睡。第二天,在有必要的情况下,重新挑起它们,继续前行。

> 生存之乐不仅是享受生活的乐趣,更是一种热情的、充满朝气的生活态度。

### ◆ 锦上之花 ◆

1965年,一个10岁小男孩走到一家汽水店的柜台前,爬上了一把高脚椅。他望着服务员问道:"一个圣代多少钱?"

THE FOCUS PROJECT: THE NOT SO SIMPLE ART OF DOING LESS
**思考断舍离：** 如何依靠精准努力来达成目标

"50美分。"服务员答道。小男孩把手伸进口袋，掏出一大把零钱，数了起来。服务员不耐烦地皱起了眉头，她还要去招待其他客人。

小男孩瞥了眼服务员，又问道："那普通冰激凌多少钱？"忙碌的服务员叹了口气，翻了个白眼，用带着愠怒的口气回答："35美分。"

小男孩又低下头数了起来。最后，他终于说道："那请给我来一份普通冰激凌。"说完，他把一个25美分和两个5美分硬币放在了柜台上。服务员拿了钱，端上冰激凌就离开了。

10分钟后，她回来收拾餐盘，发现小男孩已经走了。在她拿起空盘子的那一刻，却突然喉咙哽咽了。

柜台上放着两个5美分和五个1美分硬币。男孩的钱够买一份圣代，但为了给她留出小费，他只点了普通冰激凌。

如果人人都能先人后己，世界会变得多么美好啊！要是我们愿意吃不带糖霜的冰激凌或干脆不吃冰激凌，能够让其他人多吃一些，那世界会变成什么样呢？许多研究结果表明，我们付出的越多，得到的就越多，我在这个月亲身体验到了这一点。

> 善待他人就是善待自己。
> ——本杰明·富兰克林

### ◆ 本章小结 ◆

**本月大事**

心怀感激永远不会错。

November · Gratitude
11月·感恩

**本月得分：** *B*

这是我非常喜欢的一个月之一，之所以没能得到A，是因为我意识到自己还需要每天再多一些感激，无论对我最重要的人（我的妻子和女儿），还是常常被我忽略的人和事（例如，对我微笑的人，或晴天），我都需要对它们表示感激。如果我们愿意睁开眼去仔细观察，就会发现我们究竟有多么幸运。

### 关键要点

1. 化期望为感激。

期望 🤝 感激

2. 做一个"填桶人"。
3. 是福，不是祸。

4U 不是 2U

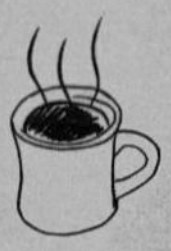

# DEC 12月

# 你的人生

这一章只有一句话：开始专注于最重要的事。这个月的任务就是不断练习对你来说最有效的保持专注的方法。现在应该开始书写你的人生故事了。

*Your Story*

THE FOCUS PROJECT: THE NOT SO SIMPLE ART OF DOING LESS
**思考断舍离：** 如何依靠精准努力来达成目标

［这张空白页是为了提醒你，要有留白的勇气
和胆量，敢于过精简人生］

谨防忙碌生活造成的贫瘠。
——苏格拉底

# 专心生活

52夜

THE FOCUS PROJECT: THE NOT SO SIMPLE ART OF DOING LESS
**思考断舍离：**如何依靠精准努力来达成目标

你好吗？这本是一个很好回答的简单问题，可在开启这项计划之前，每次听到这个问题，我都会唠叨一通，就是"忙""很忙""非常忙"。太忙碌并不是什么好事。"忙得一塌糊涂"的意思就是"我无法掌控自己的生活"。你是否也有同感？

虽然许多人戴着忙碌的"荣誉勋章"，但其实人们需要做的恰恰相反。每天早晨醒来，我们就要意识到事情是做不完的。这么一想，这个繁忙的世界加在我们身上的责任和压力就会减轻不少。不仅如此，如果知道无法把所有事都做完，那我们就会专注做好必须完成的事。

"人生苦短"是老话，但也不无道理。我们可以把永恒想象成一根长长的鞋带，而我们在地球上的生命就是鞋带一端的塑料扣，用术语说就是"aglet"（绳花）。你看，"aglet"这个词是由"age"（年纪）和"let"（让，放任）组成的。我们要到什么年纪，才能不放任生活随波逐流呢？

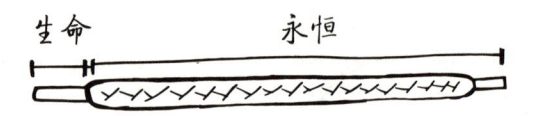

生命　　永恒

要到人生的哪个阶段，你才能专注于当下的每一刻呢？当然，这不是说每分每秒都必须充分利用起来。现在不停地保持专注不仅不能使我们长寿，反而会增加我们猝死的风险。但是，如果我们过着漫无目的的日子，那注定就会在某天醒来，突然意识到自己虚度了一生。我们每天专注于什么，人生就会朝哪个方向前进。我们如何度过每一天，就会如何度过一生。让我们从此时此刻开始，专注地生活吧！我在这里借用加州大学洛杉矶分校篮球队传奇教练约翰·伍登（John Wooden）的一句口头禅："让你的每一天都成为杰作。"

Focusing for Life
专心生活

在这个纷繁的世界上，保持专注的确不易，甚至十分困难。但是，通过学习，人们可以做到。它可以成为一种习惯，在养成习惯的过程中，人们还能获得成就感。无论是在身体上、心理上还是思想上，我们都希望自己不断成长。日复一日，如果我们没有任何变化，那必然是因为我们没有专注做好最重要的那件事。

这个问题并非无法解决。

解决的前提是要掌握主导权。不要被纷至沓来的邮件、请求或其他因素干扰，我们必须主导自己的生活。我们之所以忙得不可开交，是因为我们有意无意地给自己添加了太多无谓的负担。

当然，我们也可以卸下这些负担。我们必须明白，人生就像自助餐，我们随时可以再去拿更多的东西。换句话说，我们必须改掉在待办事项清单上"删一件，添两件"的陋习，而是学会删繁就简，只专注真正重要的事。

希望这本书能帮助你更加专注地生活，达到最好的生活状态。不必尽善尽美，知足常乐即可。祝你成功！

## 致谢

俗话说"写了一本书,用了一村人",这本书也不例外。安娜·玛利亚、索菲亚和凯蒂娅始终积极配合我的整个计划,感谢你们的耐心和给我带来的欢乐。我和妻子双方的父母在我的创作过程中也给了我不少的建议与鼓励,万分感谢。每当我止步不前时,是埃米莉·维尔特(Emily Welter)的乐观和帮助给了我前行的动力。书中漂亮的插图出自才华横溢的萨蒂·鲁德拉瓦哈拉(Sahiti Rudravajhala)之手,当然也少不了凯西·戈麦斯(Kelsey Gomez)的助阵。乐于助人的凯西总是有求必应。在安东尼·奥提兹(Anthony Ortiz)不懈的努力下,才有了本书精美的封面。伊冯娜·哈勒德(Yvonne Harreld)对本书进行了一次又一次的编校工作,也正是在她的帮助下,本书才得以最终破茧成蝶。埃米莉·克劳福德–马基森(Emily Crawford-Margison)和勒妮·斯凯尔斯(Renee Skiles)也负责了部分编辑工作,而巧妙的排版则出自洛里·德沃肯(Lorie DeWorken)之手。

最后,同样重要的是,衷心地感谢你们——我的读者和粉丝朋友们,是你们的爱与鼓励使这一切成为可能。

本书的一些参考书目，你或许会喜欢

*Give and Take* by Adam Grant
《付出与回报》，亚当·格兰特

*The 4½ Hour Work Week* by Tim Ferriss
《每周工作四个半小时》，蒂姆·费里斯

*The Happiness Project* by Gretchen Reuben
《幸福计划》，格雷琴·鲁宾

*The One Thing* by Gary Keller and Jay Papasan
《要事一桩》，杰伊·帕帕森、加里·凯勒

*Essentialism* by Greg McKeown
《精要主义》，格雷格·麦吉沃恩

*Stillness is the Key* by Ryan Holiday
《平静的力量》，瑞安·霍利

*Stop Worrying and Start Living* by Dale Carnegie
《人性的弱点》，戴尔·卡耐基

*Atomic Habits* by James Clear
《掌控习惯》，詹姆斯·克利尔

*Made to Stick* by Chip and Dan Heath
《行为设计学》，奇普·希斯、丹·希斯

*Purple Cow* by Seth Godin
《紫牛》，赛斯·高汀

## 作者简介

埃里克·奎尔曼，知名畅销书作家、主题演讲家。他的演讲足迹遍布55个国家，观众多达4000万人。他被评为全球第二受欢迎的作家，仅次于《哈利·波特》的作者J. K. 罗琳。

其作品《社群经济学》一书，曾上过《60分钟华尔街日报》（*60 Minutes to the Wall Street Journal*）节目，书中观点还曾被美国国民警卫队和美国航空航天局引用。全球有500多所院校将他的著作作为教材。奎尔曼的动画工作室制作了全球收视率最高的社交媒体影片——《社交媒体革命》（*Social Media Revolution*）。

奎尔曼曾经是美国密歇根州立大学篮球队十佳球员，此前还曾被评为年度最佳校友，还曾经获得密歇根州立大学奖学金。后来，他获得得克萨斯大学工商管理硕士学位，还曾担任麻省理工学院和哈佛大学共同创办的edX平台的客座教授，又因其开创性贡献获得名誉博士学位。最重要的是，他仍在继续前行，绝不辜负妻女所赠咖啡杯上的"世界头号老爸"称号。

将"专注日历"赠给身边无法保持专注的亲友吧！

**专注什么，就会得到什么。**

**想要什么，就去专注什么吧！**

## 埃里克·奎尔曼其他著作

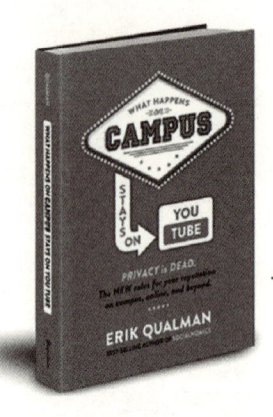

*A must-read for the teen in your life*

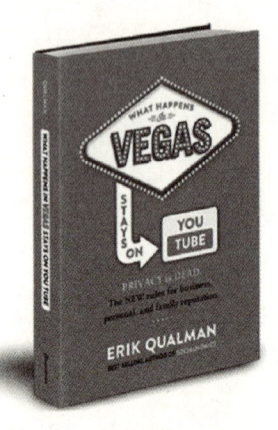

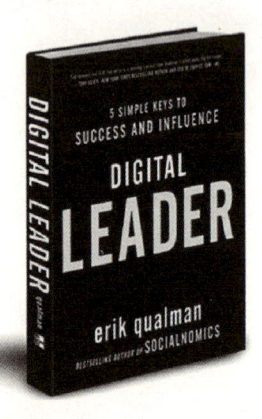

**EQUALMAN.COM**

**SOCIALNOMICS.COM**